D1641947

Die
Auto-
Bibel

Impressum

13-Stellige ISBN: 9781701560208

Dieses Buch ist auch als E-Book erhältlich.

Lektorat:	Philipp Jäger
	Samanta Kowalik
	Sebastian Höfer
Coverfoto:	Jan Markwitz, Instagram: jan_wizzle
Coverdesign:	Philipp Jäger
Formatierung:	Philipp Jäger
Szenefotos:	Luisa Wachsmuth, Instagram: lou_on_air
	Tobias Göbel, Instagram: t_obi_gti
	Sven Jesinghausen, Instagram: sven_370
	Jan Markwitz, Instagram: jan_wizzle
Memes:	Sebastian Höfer

Inhalt

1. Prolog
2. Leistungssteigerungen (Tuning 1)
3. Softwareoptimierungen (Tuning 2)
4. Sauger (Motoren 1)
5. Turbolader (Motoren 2)
6. Kompressoren (Motoren 3)
7. Performance
8. Benzin vs. Diesel (Motoren 4)
9. Elektrofahrzeuge (Motoren 5)
10. Optik (Tuning 3)
11. Fahrdynamik (Tuning 4)
12. Der Weg zum Traumauto
13. Die Szene
14. Epilog

Prolog

Ich grüße euch, werte Leser. Ich freue mich sehr, dass ihr eure Lust nach mehr Wissen über Autos und Tuning befriedigen wollt und ihr euch mein zusammengefasstes Werk beschafft habt.

Jedes Mal explodiert mein Kopf, wenn mich jemand etwas zu Gebrauchtwagenkäufen, Tuning, Performance, Reparaturen oder Automobiltechnik fragt. Deshalb habe ich mich entschlossen, all meine Gedanken zu diesen Themen, die mir so oft durch den Kopf schießen, niederzuschreiben. Man kann sich das wie einen Schwarm Bienen vorstellen, der auf Befehl der Königin blitzschnell aus den Waben herausfliegt. Jede

Biene stellt dabei einen meiner Gedankengänge dar. Und all diese versuche ich nun dem wissbegierigen Leser bereitzustellen. Ich möchte euch jedoch gleich zu Anfang im Sinne unserer heutigen Zeit und der aktuellen politischen Lage warnen: Ich bin kein grüner, tempolimitbejahender Ökoaktivist. Ich liebe die Natur (bis auf einige wenige Kreaturen) und bewandere sie auch gerne, wenn ich am Wochenende mal Zeit dazu finde. Aber es geht doch nichts über eine kleine Beschleunigungsorgie auf einer Deutschen Autobahn oder einen Tag an oder auf dem Nürburgring. Das Gleiche gilt auch für Rallye-Cross-Events, die WRC und Kartbahnen. Auch dort fühle ich mich pudelwohl. Diese Aktivitäten sind die einzigen, bei denen ich den Kopf mal so richtig frei bekomme. Solltet ihr also für kleine Elektroautos sein, bei denen man fast den Eindruck bekommt, die Designer wollten einen mit der Optik absichtlich ärgern, dann legt das Buch besser beiseite, denn in den nachfolgenden Kapiteln geht es um Motoren, Tuning und vor allem die Performance von einigen sportlichen Autos aller Marken und Hersteller, bei denen sich teilweise haarsträubende Wahrheiten auftun. Es wird kritische Vergleiche geben, um Hypes und Schönrederei zu entlarven. Aber auch positive Dinge sind natürlich mit von der Partie.

Ich habe bereits einige Autos in meinem Leben besessen, repariert, getunt, gefahren oder an andere vermittelt und besitze mittlerweile meinen dritten Sportwagen, welcher parallel auch mein erstes Traumauto ist. Selbstverständlich in der Höchstmotorisierung. Und nein, ich bin nicht reich und habe auch von meinen Eltern nie viel mehr als unterdurchschnittliche monetäre Unterstützung bekommen.

Für viele Menschen sind Autos nur Objekte um von A nach B zu kommen. Sie müssen zuverlässig sein und funktionieren. Und wenn sie eine Klimaanlage und eine Sitzheizung oder ein Schiebedach haben, dann ist das ganz nett. Für andere wiederum sind Autos Prestigeobjekte. Sie lieben es ihren Mitmenschen unter die Nase zu reiben, was sie sich für einen schicken Hobel geleistet haben. Und dann gibt es natürlich noch den Angeber, der den ganzen Tag dieselbe Straße mit seinem viel zu laut gemachten Auspuff, rauf und runter fährt und zielstrebig vor anderen Menschen am Posen ist, um sein Prolldasein auszuleben. Spitzzüngige Damen behaupten allerdings immer wieder, es würde sich hierbei nur um zu klein geratene Geschlechtsteile drehen. Für mich ist ein Auto jedoch sehr viel mehr als das. Ich zähle mich zu den Verrückten und den Liebhabern. Autos faszinieren mich, setzen mich tierisch unter Strom und beruhigen mich zugleich auch wieder. Es gibt nichts auf unserer schönen Erde, was ich so attraktiv finde wie Autos. Bis auf eine Sache. Und schon wieder sind wir bei den Damen.

Autos sind so präsent wie nichts anderes in meinem Leben. Man könnte mich regelrecht als Automobilwissenschaftler und Fanatiker bezeichnen, so viel unfassbares Wissen habe ich mir über Jahre hinweg angeeignet. Doch behaupten kann das natürlich jeder von sich. Aber ich bin nicht so jemand, der bloß einfach nur „Grip – Das Motormagazin“ geschaut hat, wo der Malmedie mal wieder amüsiert gackernd mit quietschenden Reifen einen Hecktriebler über die Piste prügelt und Det Müller einen kecken Spruch nach dem anderen herausfeuert. Ich habe nicht einfach nur die „Autobild“ gelesen, wo mal der Continental-Reifen und mal der Michelin-Reifen besser ist, wo mal der Benz, mal der Audi und dann mal wieder der BMW die Nase vorne hat. Ich habe Autos, Motoren und ihre Technik vom Sportwagen bis zum Tuning aller Arten über viele Jahre eigens studiert. Und zwar nicht an einer Universität oder einer Fachhochschule, sondern praktisch und theoretisch, in Werkstätten, in Autohäusern, in Tuningschmieden, in der Autoszene in ganz Deutschland, an und auf Rennstrecken, bei Rallye-Events und wenn das gewollte Fahrzeug mal nicht zur Verfügung stand, dann tatsächlich notfalls auch über YouTube. Natürlich habe ich auch als kleiner Junge schon „Need for Speed“ gespielt und am Wochenende war das Highlight immer, mit meinem Stiefvater zusammen, Michael Schuhmacher im Fernsehen dabei zuzuschauen, wie er in der Formel 1 eine Pole nach der anderen holte und Rennen für Rennen gewann. Und wer hätte es gedacht? Die Fast-and-Furious-Filme sind, wie könnte es anders sein, meine Lieblingsfilmreihe. Wie sich das gehört. Wobei ich von den neueren Teilen nicht mehr wirklich überzeugt bin, da die Action in den Vordergrund gerückt ist und die Autos, sowie die Szene beinahe komplett verdrängt haben.

Darüber hinaus entwickelte sich aus meinem Autowahnsinn heraus, meine eigene Tuninggruppe, mit der ich einige Jahre den Fast-and-Furious-Lifestyle zu leben gepflegt habe. Ich selbst habe das damals tatsächlich nie so betrachtet. Mir wurde es lediglich immer wieder von außerhalb gesagt, dass es so sei. Aber es stimmte. Lange Zeit waren wir in der

Tuningszene äußerst aktiv und entwickelten uns zum Mittelpunkt über mehrere Landkreise hinweg. Wir hatten großen Zulauf von überall her. Ich wurde schließlich, mehr oder manchmal auch weniger, zu einer schillernden Persönlichkeit in der Autoszene.

Meine Bekanntheit stieg unbehaglich rasant, vor allem im Internet. Doch ich habe mich mittlerweile zurückgezogen und diese Phase ist ein längst vergangenes Kapitel in meinem Leben. Die Autoszene habe ich aus eigenem Wunsch an den Nagel gehangen. Auch die Gruppe ist mittlerweile seit langer Zeit komplett aus der Öffentlichkeit verschwunden. Warum? Das erzähle ich euch im Kapitel "Die Szene". Es war an der Zeit, sich auf andere Dinge im Leben zu konzentrieren und sich wichtigeren Entwicklungen zu widmen. Neue Prioritäten wurden gesetzt. Und tatsächlich sind sich auch alle ehemaligen Mitglieder unserer Crew einig darüber, mit der Szene rein gar nichts mehr zu tun haben zu wollen. Doch den Traum vom tollen Auto und meine Gier nach Performance, die Lust auf charakteristische Motoren, viel Leistung und Beschleunigung und den Drang zum Tuning werde ich wohl nie verlieren. So viel steht fest. Denn das ist meine Leidenschaft, mein Leben, mein Milieu und meine Passion. Seit einigen Jahren nenne ich mich scherzhaft den größten Autofreak, den ich selbst je getroffen habe. Und wie ihr euch sicher vorstellen könnt, habe ich davon mittlerweile eine ganze Menge getroffen. Dies soll keine Lobeshymne auf mich sein, sondern euch meine Vergangenheit im Bezug zu meiner Autoleidenschaft aufzeigen und davon berichten, dass das gesammelte Wissen in diesem Buch nicht von irgendwoher kommt. Und dieses besagte Wissen, welches ich über Jahrzehnte mühsam, aber begeistert recherchiert habe, möchte ich euch näher bringen. Denn was mir immer gefehlt hat, war eine Art Nachschlagewerk für diese Themen, das einen allgemein zum Thema Tuning und Performance bildet. Gerade letzteres ist ein äußerst interessanter Punkt. Auf Wikipedia kann man zwar ganz gut seinen Wissensdurst nach Fahrwerten, Datenblättern und anderen Informationen zu einzelnen Automodellen und Baureihen befriedigen, aber in Sachen Performance-Vergleiche und Tuning sieht es dort eher mau aus. Das gilt auch für den Rest des „World Wide Webs", es sei denn, man möchte sich stundenlang durch irgendwelche Foren kauen, in denen man nur mit viel Glück die gewünschten Informationen findet.

Das Wissen in diesem Buch habe ich hingegen fieberhaft über Jahre hinweg aus unterschiedlichsten Quellen zusammengetragen. Werkstätte, KFZ-Meister, Tuner, mein ehemaliges Berufsleben, die Autoszene, Fanclubs, gepflegte Freundschaften mit ebenfalls Autobegeisterten von Trier bis nach Rostock, die „World Rallye Championship" bei der ich des Öfteren dabei bin und vor allem persönliche Erfahrungen und Vergleiche, die ich sehr sorgfältig gesammelt habe. Selbstverständlich ist auch alles in der Realität erprobt, getestet und selbst an eigenen Fahrzeugen oder denen von Freunden und Bekannten ausprobiert worden, worüber ich euch in den folgenden Kapiteln erzählen werde. Manchmal war es geradezu wie in einer Art Selbststudium, denn ich wollte meine Neugier und meine Autoliebe bei den verschiedensten Fahrzeugen und Marken befriedigen und habe alles Wissenswerte über ihr Können wie ein Schwamm aufgesogen.

Besonders schwierig war es, brauchbare Informationen aus dem Internet zu bekommen, wenn dies denn mal notwendig war. Mühselig habe ich aus unzähligen Foren und Beiträgen die wenigen nutzbaren Informationen herausgefiltert, wenn ich sie benötigte. Ihr kennt das sicher. 99% von dem was in den Foren geschrieben wird, sind eigene Meinungen, nutzlose Kommentare, Halbwahrheiten oder gar irgendein anderer Schwachsinn. Getreu dem Motto: "Dein Computer geht nicht mehr? Schon mal geguckt ob der Stecker in der Steckdose ist?" Und als nächstes kommt dann irgendein „Hater“ dazu und fängt an den Stecker mitsamt der Steckdose niederzumachen und begründet warum dieses Modell der Steckdose eine ganz schlechte Produktion war und seine Steckdosen, die er Zuhause hat, viel besser sind. Natürlich nur metaphorisch gemeint. Versteht mich nicht falsch. Diese Foren sind an sich eine wunderbare Sache. „Motortalk“ und wie sie alle heißen, haben mir oft bei Problemen, Diagnosen und Reparaturen geholfen. Allerdings leider erst, nachdem man sich durch bergeweise unnützer, falscher oder zusammenhangsloser Kommentare gearbeitet hat. Wenn das Auto nicht mehr startet und man die Symptome entsprechend beschreibt, bekommt man oft solche Antworten wie: „Schon mal geguckt, ob der Schlüssel steckt?“ Solche geistreichen Kommentare benötigt wirklich niemand. Die sind ungefähr so sinnvoll wie Telefonzellen in 2019. Denkt daran, dass jeder, wirklich jeder, in solchen Foren seinen Senf dazugeben kann. Egal ob er KFZ-Meister, Kindergärtner, Kunstkritiker oder Autofreak ist oder vielleicht auch nur seinen eigenen Namen tanzen kann. Und niemand kann einem beweisen, dass das dort Geäußerte wahr ist oder Qualität besitzt. Viele

Aussagen basieren dort leider nur auf Halbwahrheiten, denen man oftmals auch direkt anmerkt, dass sie nicht gerade von qualitativer Natur sind. Also verlasst euch bitte nicht zu sehr darauf, denn das kann schnell mal in die Hose gehen.

In den nachfolgenden Kapiteln werden euch Autos aller Hersteller und Marken begegnen. Sie alle habe ich mit Daten zu ihren Motorisierungen versehen, damit jederzeit klar ist, um welches Fahrzeug und welchen Motor es sich handelt. So habe ich auch grundsätzlich die PS-Leistung angegeben. Damit sich dies allerdings nicht unnötig in die Länge zieht, habe ich die gängigen und allgemeinen Abkürzungen genommen, welche auch in der Regel unabhängig von den Herstellern sind und allgemein für jeden Motor gelten. Nehmen wir zum Verständnis den Bugatti Veyron 16.4 (8.0 W16TTTT, 1001 PS). Anhand der Kürzel kann man nun erkennen, dass es sich um die „Standardmotorisierung" dieses Fahrzeuges mit 1.001 PS handelt. Ich weiß, Standardmotorisierung klingt bei dieser Motorleistung geradezu utopisch. Es ist schon irgendwie eine irrwitzige Sache, einen 1.001-PS-Motor so zu bezeichnen. Aber dies war nun mal die Basisversion im Veyron und die Höchstmotorisierung brachte sogar ganze 1.200 PS auf's Papier. Darüber hinaus verraten die Informationen, dass er einen W-Motor mit 16 Zylindern, 8.0 Liter Hubraum und vier Turboladern besitzt. Auf den letzten Seiten des Buches findet ihr zu den Kürzeln und Bezeichnungen noch mal eine ausführliche Legende mit Beschreibung.

Auch ein paar Fotos von Autos werdet ihr in diesem Buch sehen.

Ich habe allerdings auf heiße Supersportwagen und werksfrische Schlitten verzichtet, denn die kann sich jeder im Internet ansehen. Stattdessen zeige ich euch ein paar wenige Bilder von Autos, die ich persönlich aus der Szene kenne und sehr bewundere. Sie sind absolute Unikate. Ihre Besitzer haben unheimlich viel Geld, Zeit, Tränen, Schweiß, Energie und Herzblut in sie gesteckt. Es fasziniert mich bis heute, wie viel

Liebe zum Detail manche Tuner haben und wie unglaublich viel Aufwand sie in ihr Auto investieren.

Auch den Beruf des Kraftfahrzeugmechatronikers habe ich mal erlernt. Ich kann euch allerdings sagen, dass es sich dabei nicht im Geringsten um Tuning dreht, außer wenn der Berufsschullehrer mal die Stunde etwas interessanter gestalten will. Schön ist allerdings, dass man viel über die modernen Zusammenhänge und Funktionsweisen, sowie das Zusammenspiel zwischen Mechanik und Elektronik in einem Automobil erfährt. Empfehlen kann ich den Beruf allerdings nicht. Körperliche Schwerstarbeit, gepaart mit viel Verantwortung in Sachen Fahrersicherheit, die oftmals gerade mal mit dem gesetzlichen Mindestlohn bezahlt wird. Selbst in teuren Vertragswerkstätten und nobelsten Autohäusern. Das ist eine Schande in meinen Augen. Denn der Beruf des KFZ-Mechatronikers ist äußerst vielseitig und für eine Berufsausbildung recht anspruchsvoll. Erschwerend kommt hinzu, dass die beruflichen Verhältnisse in vielen freien Werkstätten und Autohäusern, auf gut Deutsch gesagt, wirklich unter aller Sau sind! Die Bedingungen und Konditionen lassen stark zu wünschen übrig. Ihr würdet nicht glauben, was sich hinter den Kulissen manchmal abspielt und wie schlecht die "Gepflogenheiten des Hauses" gerade in kleinen Handwerksbetrieben sind. Vermutlich liegt dies daran, dass im Handwerk einfach vieles immer noch sehr oldschool ist.

In einer Werkstatt, in der ich mal ausgeholfen habe, wurde zum Beispiel regelmäßig in einem Hinterhof allerlei Müll verbrannt. Die Aussage dazu war: „Damit die Tonnen nicht so schnell voll sind.“ Über einen anderen Betrieb, der übrigens ein großer und bekannter Vertragshändler einer Premiummarke ist, erzählte man sich, die Azubis müssten dort im ersten Lehrjahr regelmäßig die Toiletten putzen, damit sie wüssten, wo ihr Platz sei... Dies wurde mir später auch aus erster Hand bestätigt. Bei manchen Werkstätten und Autohäusern kam es mir so vor, als würde man dort von den Kunden keine Autos, sondern Kutschen mit Holzrädern und Pferden erwarten, so primitiv und altmodisch war dort der Umgang. Arbeitssicherheit wird offenbar immer noch nicht gerade groß geschrieben, Verbesserungsvorschläge scheinen unerwünscht zu sein und überhaupt wird bei vielen Progressivität strickt abgelehnt. Wenn die Besitzer dann eines Tages auf der Strecke bleiben, weil sie von einem Mitbewerber ausgestochen werden, gucken sie dumm aus der Wäsche und beschweren sich lediglich. Schuld ist dann natürlich immer jemand anderes. Ob ihr es glaubt oder nicht, selbst vor dem Internet verschließen sich noch viele Händler. Sie glauben nicht an solch einen „neumodischen Kram“.

Wenn ihr wirklich komplett gaskranke Autofreaks seid und eure Leidenschaft beruflich ausleben wollt, dann studiert lieber und geht in den Rennsportbereich. Dort kommt ihr wirklich auf eure Kosten. Natürlich ist das kein leichtes Unterfangen. In dieser Branche werden eindeutig nur die absolut Besten genommen. Ansonsten ist hier vor allem die Selbstständigkeit zu empfehlen. Macht euer eigenes Ding und wenn ihr wirklich liebt was ihr tut, läuft es irgendwann von ganz alleine.

Erschreckenderweise musste ich auch mit der Zeit feststellen, wie ungebildet viele Gesellen, Techniker und sogar Meister auf den Gebieten von Tuning und Performance sind. Und das bei unterschiedlichsten Automarken und freien Werkstätten. Ein großer Teil der heutigen KFZ-Technik basiert auf Tuning und Rennsporttechnik. Nehmen wir zum Beispiel den Turbolader oder das Doppelkupplungsgetriebe (DSG, DKG, DCT, PDK, usw.). Techniken wie diese, fließen heutzutage in jedes Standardautomobil mit ein und taten es bei sportlicheren Varianten auch schon vor Jahrzehnten. Diese Gebiete sind mittlerweile schon ein sehr präsenter Bestandteil von normalen Kraftfahrzeugen und deshalb auch aus einer Werkstatt nicht mehr wegzudenken. Zum Beispiel wird inzwischen prinzipiell schon fast kein Automobil mehr ohne Turbolader produziert. Und allein hier überlappen sich die Bereiche des Alltäglichen und dessen was früher noch Tuning war, enorm. Doch was ist eigentlich Tuning? „Definitiv das Aufwerten von Minderwertigkeitsproblemen.“, antwortete der berühmte Ruhrpott-Tuner „Jean Pierre Kraemer“ auf diese Frage, als er bei Markus Lanz in der gleichnamigen Talk-Show saß.

Betrachten wir die Sache etwas nüchterner: Tuning ist das optische, leistungs- oder performance-technische, akustische und fahrdynamische Verändern eines Kraftfahrzeuges oder Motorrades. In seltenen Fällen sogar auch bei Quads, LKWs und anderen Fahrzeugen. Ich habe einen leicht verrückten Arbeitskollegen, der sogar sein Fahrrad „tunt“. Es gibt Softwareoptimierungen an Motorsteuergeräten, um die Leistung zu steigern. Es gibt Folierungen und Felgen, um die Optik zu verändern und auffälliger zu machen. Es gibt sportlichere Bereifungen und Fahrwerke, um das Fahrverhalten in die sportlichere Richtung zu bewegen und das Auto tiefer zu legen. Und es gibt Sportschalldämpfer von Tuningfirmen, um den Klang des Motors zu verändern und lauter zu machen, um nur einige Beispiele zu den verschiedenen Bereichen des Tunings zu nennen. Letzteres kann sich übrigens auch auf die Leistung vom Motor auswirken. Aber dazu in späteren Kapiteln mehr. Ich selbst bevorzuge eher dezentes Tuning. Nur bei der Power des Motors, bei seiner Spritzigkeit, bei seinem Drehmoment und seiner Leistung, kann es für mich gar nicht genug geben. Tieferlegungen bis zum Boden und Verlorengehen der ursprünglichen Schönheit des Fahrzeuges durch Bodykits sind eher weniger mein Fall. Wobei beispielsweise ein Nissan GT-R mit „Liberty-Walk-Umbau" natürlich brachial und äußerst beeindruckend aussieht. Bei der Abgasanlage darf's dann für meine Person ruhig auch etwas lauter sein. Jedoch auch nur wenn der Klang des Motors stimmt. Die Abgasanlage eines gewöhnlichen Vierzylindermotors, würde ich zum Beispiel niemals bis zum Erbrechen leerräumen. Auch nicht wenn's ein sportlicherer GTI ist und sei er auch noch so hochgezüchtet. Bei fünf Zylindern und vor allem mehr, sieht die Sache schon anders aus, so lange sie nach der Veränderung nicht zu blechern klingen. Vor allem bei Saugmotoren, die einen kräftigeren und authentischeren Klang erzeugen. Aber hier scheiden sich die Geister, denn Geschmäcker sind ja bekanntlich verschieden.

Leistungssteigerungen

Die wohl bekannteste und älteste Form des Tunings ist das Steigern der Motorleistung und gegebenenfalls auch das Verschärfen des Ansprechverhaltens. Sogenanntes Leistungs- oder etwas progressiver ausgedrückt Performance-Tuning. Motoren lassen sich auf verschiedene Arten tunen. Mit Abgasturboladern, Kompressoren, Softwareoptimierungen (Chiptuning) und dem Ersetzen von Serienteilen durch sportlicher ausgerichtete Tuningteile. Obwohl ich als fanatischer Autoliebhaber natürlich sehr auf Leistungstuning stehe, will ich euch einen negativen Fakt gleich zu Anfang erläutern: Beim Tuning macht man fast nie nur Schritte nach vorne. Damit will ich sagen, dass fast jedes Tuningobjekt nicht nur Vorteile, sondern auch immer mindestens einen Nachteil mit sich bringt. Tuningteile sind zwar in der Regel auf positive Wirkungen, also eine Verbesserung am Fahrzeug, ausgelegt, aber meist funktioniert dies nur teilweise. Vor allem dann, wenn man nur ein einziges Serienteil ersetzt. Wenn ihr zum Beispiel eine schärfere Nockenwelle einbaut, wird euer Auto obenrum besser beschleunigen als vorher und in diesem Drehzahlbereich auch mehr Leistung entwickeln. Jedoch untenherum wird der Motor träger und benötigt länger um Drehzahl aufzubauen. Das meist vom Automobilhersteller ausgeglichene Drehzahlband wird einen höheren Kontrast entwickeln. In diesem Fall macht man also einen Schritt vor und einen Schritt zurück. Wenn man beispielsweise komplett aufs Ganze gehen will und einen Saugmotor auf Turboaufladung umbaut, wird man nicht nur mehr Leistung, mehr Drehmoment, bessere Beschleunigung usw. verzeichnen können. Man wird zum Beispiel auch feststellen, dass der Sound aus der Abgasanlage schlechter sein wird als vorher und dass der Charme vom natürlich beatmeten Saugmotor verloren geht. Der Sound wird gedämpfter und fauchiger. Manchmal auch rotziger. Vor allem bei Vierzylindermotoren. Hier macht man also einige Schritte nach vorne, aber dennoch auch wieder mindestens einen zurück. Doch dafür gewinnt der Motor natürlich auf ganz andere Art und Weise neuen Charme. Bei einzelnen Tuningmaßnahmen, vor allem im Bereich des Motorentunings gibt es fast nie „Win-Win-Situationen“. Das heißt, dass allein eingesetzte Tuningobjekte oft tatsächlich sogar primär Nachteile mit sich bringen. Wenn man zum Beispiel am Motor nur eine einzelne Sache austauscht, hat das oftmals keine positive Auswirkung. Manchmal ergeben sich tatsächlich sogar Negative, wenn bestimmte Aspekte außer Acht gelassen werden oder das Tuningobjekt nicht mit weiteren Tuningteilen harmonieren kann. Ein offener Sportluftfilter, auch Pilz genannt, bringt eher Leistungsverlust, statt den gewünschten Leistungszuwachs, wenn er im Motorraum platziert wird, wo sich auch der alte Luftfilter befand. Denn er benötigt eine Frischluftversorgung und eine Hitzeabschirmung, damit er auch eine Leistungssteigerung bewirken kann. Schließlich hat der Serienluftfilter diese Maßnahmen ja auch bekommen. Fallen sie also weg, saugt der Motor statt der frischen Luft vom Kühlergrill, aus dem Motorraum bereits erhitze Luft an. Hierdurch ergibt sich Leistungsverlust statt dem gewünschten Leistungszuwachs. Obwohl der Sportluftfilter durchlässiger ist und eine größere Ansaugfläche hat, womit die Hersteller eine Mehrleistung und einen geringeren Kraftstoffverbrauch verspricht. In diesem Fall gilt: Die Automobilhersteller machen zwar manchmal Fehler und unterscheiden sich sicherlich untereinander auch in ihrer Qualität. Aber in der Regel wird ein Fahrzeug, sowie der Motor in ihm, über viele Jahre hinweg entwickelt und dies von hochbezahlten Ingenieuren und Designern. Vor allem in sportlichen Autos hat nahezu jedes Bauteil einen Sinn und eine Bedeutung. Dies gilt vor allem bei Motoren. Die Meisten laufen genau so wie es vom Automobilhersteller vorgesehen ist. Daher ergibt sich auch folglich die Regel, dass einzelne Tuningteile vorerst möglicherweise einen negativen oder neutralen Effekt haben und erst im Anschluss, nach Montage weiterer Tuningteile gemeinsam ihre Wirkung entfalten können.

Nehmen wir als Beispiel wieder den Sportluftfilter. Die originale Ansaugung verläuft in der Regel von der Ansaugbrücke auf dem Motor durch den Motorraum zum Serienluftfilter, welcher sich wärmegeschützt in einem Kunststoffkasten befindet. Von dort aus verläuft diese dann weiter an den Kühlergrill des Fahrzeuges zu einer Öffnung, meist unterhalb der Motorhaube, wo die Luft nicht nur frischer und kälter ist als im Motorraum, sondern auch durch die Fortbewegung des Fahrzeugs, geradezu in das Ansaugsystem hineingedrückt wird. Entfernt man jetzt den Part zwischen dem Kühlergrill und dem Luftfilterkasten, so verliert man primär schon mal den sogenannten „Ram-Air-Effekt". Das heißt, der Fahrtwind, welcher in das Ansaugsystem gedrückt wird und den Motor minimal aufgeladen hat, entfällt, wodurch erneut Leistungsverlust entsteht. Befestigt man den neuen Sportluftfilter jetzt lediglich auf dem alten Ende der Ansaugung mitten im Motorraum, wissen wir nun, bekommt der Motor nur noch warme Luft. Es entstehen also gleich zwei negative Effekte. Wie wir bereits wissen, ist die Ursache für den ersten negativen Effekt, die warme Luft, die nun angesaugt wird. Die physikalische Erklärung hierfür ist, dass warme Luft weniger Sauerstoff enthält und genau dieser ist es, der beim Verbrennen im Motorraum zusammen mit dem Kraftstoff reagiert und eigentlich benötigt wird. Es entsteht also Leistungsverlust. Oder anders ausgedrückt: Die Automobilhersteller haben sich schon etwas dabei gedacht, auch wenn das Serienansaugsystem meist unspektakulär aussieht und aus Kunststoff ist und einem die Tuningteilehersteller das Blaue vom Himmel versprechen. Obwohl das Tuningteil an sich sinnvoll ist, da es mehr Luft durchlassen kann und meist auch gut aussieht, muss man immer diese sekundären Aspekte beachten, um wirklich eine sinnhafte und reale Leistungssteigerung zu haben. Ein offener Sportluftfilter kann übrigens auch den Klang eines Motors sehr zum Positiven verändern. Vor allem in Verbindung mit einem neuen Ansaugsystem.

Ein weiteres Beispiel: Neue, größere Felgen, im Sinne eines Tuningobjektes, berühren sogar gleich drei Bereiche des Tunings. Sie verändern die Optik, das Fahrverhalten und bewirken tatsächlich sogar auch eine Leistungs-, Beziehungsweise Drehmomentsveränderung. Auf größeren Felgen sind auch größere und breitere Reifen, meist mit niedrigem Querschnitt. Das sieht schicker aus und macht das Fahr-verhalten des Fahrzeuges sportlicher. Der Wagen bekommt eine bessere Traktion durch die größere Auflagefläche auf der Straße und fährt sicherer in den Kurven. Hierdurch verändert sich aber auch das auf die Straße übertragene Drehmoment. Dadurch nimmt beispielsweise die Beschleunigung marginal ab. Denn die übertragene Kraft muss sich nun auf eine größere Fläche verteilen. Außerdem nimmt durch die größere Felge und den damit meist sinkenden Querschnitt des Reifens, der Komfort ab. Das Fahrzeug wird härter und dämpft weniger Unebenheiten im Straßenbelag aus. Unterm Strich haben wir also zwei positive und zwei negative Resultate. Wobei die Felgengröße und der Komfort natürlich Geschmackssache sind. Es gibt Menschen, die vermeiden grundsätzlich die Höchstmotorisierungen von Fahrzeugen, da sie ihnen aufgrund der Sportlichkeit viel zu tief gelegt und zu hart gefedert sind. Ihnen bietet das Gesamtpaket eines AMG, M, oder RS zu wenig Komfort für den Alltag. Zu solchen Leuten gehöre ich allerdings definitiv nicht.

Wenn man einen Motor großflächig tunen möchte, gibt es vor allem vier Bereiche in die sich alles kategorisieren lässt:

1. Die Ansaugseite: (Von Kühlergrill bis Motor.) Sie besteht aus der Ansaugung, dem Luftfilter, der Ansaugbrücke, der Drosselklappe und den Einlasskanälen. Bei turboaufgeladenen Fahrzeugen kommen noch der Ladeluftkühler, das Schubumluftventil und ein weiterer Ansaugweg, auch „Boostpipe" genannt, hinzu. Falls ihr euch übrigens auch wie ich früher, immer gefragt habt, woher bei manchen sportlichen Autos das Zischen und Flattern kommt, wenn ein Gangwechsel vorgenommen wird oder der Fahrer vom Gas geht: Das ist das Schubumluftventil, welches diesen großartigen Sound verursacht. Sobald dieses allerdings von draußen deutlich zu vernehmen ist, wird mit an Sicherheit grenzender Wahrscheinlichkeit das Serienschubumluftventil entfernt und durch ein sogenanntes offenes „Blow-Off" oder auch „Pop-Off", ersetzt worden sein. Dieses entlässt den Ladedruck von Turbo einfach in den Motorraum, wenn die Drosselklappe geschlossen wird und verursacht so das besagte Geräusch. Die Drosselklappe wird geschlossen, sobald man den Fuß komplett vom Gaspedal nimmt. Daher treten diese luftigen Soundeffekte auch nur beim Gangwechsel oder bei Gaswegnahme auf. Dies hat übrigens ursprünglich keinen akustischen Sinn. Denn der Turbolader dreht noch eine ganze Weile weiter, wenn man vom Gas gegangen ist. Dabei schaufelt er auch weiterhin Luft in das Ansaugsystem. Diese stößt dabei auf die geschlossene Drosselklappe und schlägt sich wieder zurück auf den Turbolader. Dieser wird dadurch stark gebremst und es entstehen zwei Nachteile. Erstens verschleißt der Turbolader so stärker und zweitens benötigt er durch das Abbremsen beim nächsten Gasgeben viel länger, um seine Drehzahl wieder aufzubauen.

2. Die Abgasseite: (Von Motor bis Auspuffendrohre.) Sie setzt sich aus den Auslasskanälen des Motors, dem Krümmer, dem Vorkatalysator, dem Hauptkatalysator, sowie dem Vor-, Mittel- und Endschalldämpfer zusammen. Letzterer gehört zu den beliebtesten Tuningobjekten überhaupt. Bei turboaufgeladenen Fahrzeugen kommen noch der Abgasturbolader selbst und die Downpipe hinzu.

3. Das Motorsteuergerät: Hierbei handelt es sich einfach ausgedrückt, um einen großen Computerchip, der Grenzwerte, Kennfelder und andere Informationen (die Software) gespeichert hat. Das Steuergerät wird pausenlos mit Informationen von verschiedensten Sensoren gespeist. Diese werden verglichen und anhand der Parameter entscheidet das Steuergerät, wie viel Kraftstoff dem Motor zugeführt wird, wie der Motor sich verhalten soll, was dafür getan werden muss, usw. Zu diesem im Tuningbereich wichtigen und immer präsenter werdenden Thema, erfahrt ihr mehr im nachfolgenden Kapitel „Softwareoptimierungen“.

4. Der Motor: Im herkömmlichen Sinne besteht ein Ottomotor aus vielen physischen Bauteilen (die Hardware). Der Ventildeckel, die Nockenwellen, die Ein- und Auslassventile, der Zylinderkopf, die Ein- und Auslasskanäle, die Zündkerzen, die Einspritzdüsen, der Zylinderblock, die Kolben, die Kolbenringe, die Pleuelstangen, die Lagerschalen, der Zylinderboden und die Kurbelwelle. Auch außerhalb des Motors finden sich wichtige Bauteile, wie die Ölwanne, der Kühler, die Wasserpumpe, die Ölpumpe und ein oder mehrere Turbolader oder ein Kompressor. All diese Komponenten können durch Leistungsstärkere oder Größere ersetzt werden. Dies ist kostspielig, kann aber den Motor bei richtiger Anwendung zu einer absoluten Waffe machen.

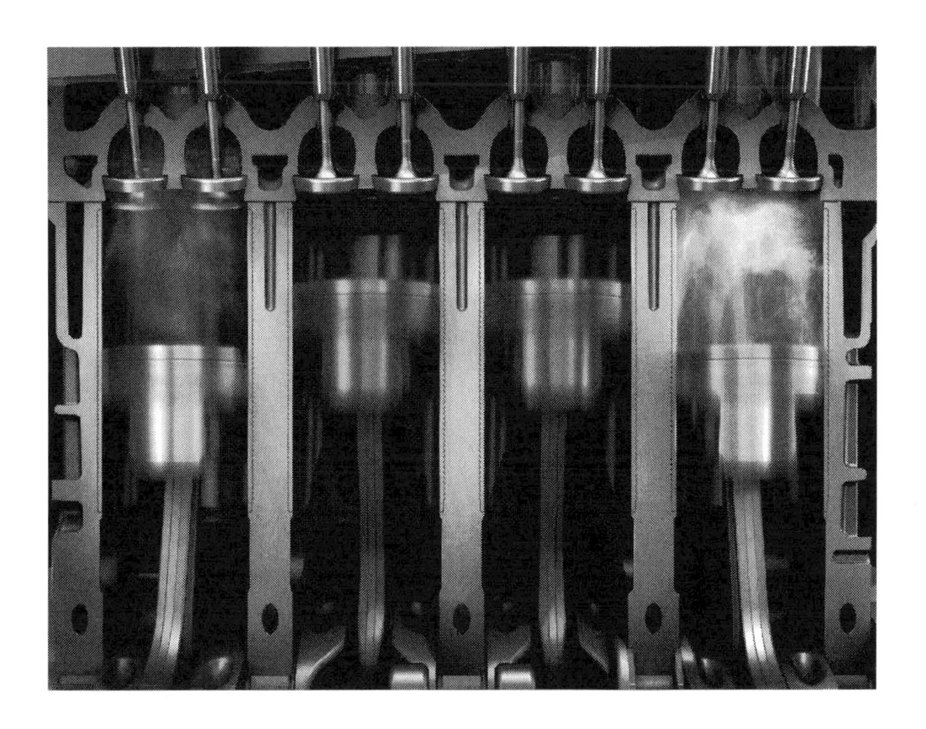

Eines meiner ersten Tuningprojekte war ein Audi 100 C4 aus dem Jahre 1992. Er war mit einem 2.6 Liter V6-Motor ausgestattet, welcher 150 PS und 225 Nm leistete. Nicht gerade viel. Selbst für damalige Verhältnisse. Bei der Konkurrenz BMW und Mercedes-Benz generierten die Motoren bereits 150 PS aus Sechszylindermotoren mit gerade mal 2 Liter Hubraum. Unser Versuchsobjekt tunten wir mit einfachen und günstigen Mitteln. Das Ergebnis war, dass er viel agiler über das ganze Drehzahlband wurde und einen deutlich aggressiveren Anzug bekam. Auch seine Beschleunigungswerte verbesserten sich. Zuerst wurde die Drosselklappe schärfer eingestellt. Wir haben den Bowdenzug zwischen Gaspedal und Drosselklappe im Ansaugsystem neu eingespannt und schon hatte das Fahrzeug eine äußerst zackige Reaktion auf Gaspedalbewegungen. Dies ist heutzutage leider nicht mehr ohne elektronische Eingriffe möglich, da jedes halbwegs moderne Fahrzeug über eine elektronische Gaspedalkontrolle verfügt. Darüber hinaus haben wir ein größeres Ansaugsystem aus Aluminium von der Ansaugbrücke bis zum Kühlergrill gelegt und vorne einen offenen Sportluftfilter montiert. Den alten Luftfilter haben wir samt Gehäuse entfernt. Zum Schluss hat das Motorsteuergerät noch eine Softwareoptimierung bekommen. Der Motor hat nun durch diese einfachen Maßnahmen seine vorherigen 150 PS auf schätzungsweise 175 PS gesteigert. Hierfür hatten wir zwar keinen Nachweis von einem Leistungsprüfstand gehabt, aber der V6 konnte nun mühelos mit Fahrzeugen zwischen 170 und 180 PS mithalten, was vorher nicht der Fall war. Und dabei hat er noch ein sportlicheres Ansprechverhalten an den Tag gelegt. Auch sein Klang hat sich ansaugseitig deutlich verbessert. Er ist kraftvoller und auch lauter geworden. Tuning an der Ansaug- als auch an der Abgasseite des Motors, können die Klangkulisse und die Lautstärke erheblich beeinflussen. Möchte man einen Saugmotor tunen, hat man zum Beispiel die Möglichkeit, ein größeres Ansaugsystem mit einem besseren Luftfilter zu verbauen. Dabei ist, wie bereits erwähnt, auf Hitzeabschirmung und Kaltluftzufuhr, sowie den Ram-Air-Effekt, zu achten. Die Drosselklappe

kann ersetzt und die Ansaugbrücke auf Einzeldrosselklappen umgebaut werden. Diese Maßnahme macht den Motor extrem scharf im Ansprechverhalten und verschafft ihm einen unnachahmlich, charakteristischen Klang. Die Seriennockenwellen können durch schärfere Nockenwellen mit einem höheren Winkel ersetzt werden. Hierdurch entfaltet sich die Leistung im oberen Drehzahlbereich sportlicher und höher als zuvor. Wenn man einen zu hohen Winkel wählt kann allerdings der Leerlauf des Motors sehr unruhig werden. Darüber hinaus kann man ansaugseitig noch andere Zylinderköpfe und größere Ventile verbauen, sowie die Einlasskanäle auffräsen, und sie „flowimproven". Bei dieser Maßnahme geht es darum, die Strömung der Luft zu optimieren und die Verwirbelung im Zylinder zu verbessern. Weiterhin lassen sich Schmiedekolben und stärkere oder sogar „gecrackte" Pleuele verbauen. Ganz wichtig ist es auch, das passende Motoröl zu fahren. Beispielsweise wird in der Szene der 2.7-V6-Biturbomotoren, welche im S4 B5, RS4 B5 und im A6 C5 verbaut wurden, über nichts so viel diskutiert und gestritten, wie über das Motoröl, mit dem Besitzer ihre Schätzchen befüllen. Das richtige Motoröl zu verwenden, ist nicht nur bei Kälte- und Hitzeeinwirkung wichtig, sondern wirkt sich auch auf die Leistung und die Drehfreudigkeit des Motors aus. Ist es eine zähe, plumpe Masse, muss der Motor logischerweise gegen den Reibungswiderstand ankämpfen. Ist das Öl stattdessen aber dünnflüssig und gleitfreudig, fördert es die Kolbenbewegung und der Motor dreht leichtfüßiger.
Auch abgasseitig lässt sich vieles tunen. Angefangen beim Krümmer, welchen man durch einen sogenannten Fächerkrümmer ersetzen kann. Hierbei ist der Sinn, dass die einzelnen Abgasstränge, die von den Zylindern wegführen,

über verschiedene Wege gleich lang sind und der Abgasdruck besser vom Motor weggeführt werden kann. Hier gilt: Je weniger Staudruck, desto mehr Leistung entfaltet der Motor. Die Ausnahme bilden Zweitaktmotoren. Sie benötigen wiederum einen gewissen Staudruck in der Abgasanlage, um ihre Leistung entfalten zu können. Diese Motoren findet man heute aber nur noch in Rollern, Motorrädern, Oldtimern und Gartenwerkzeugen, wie dem umgangssprachlich genannten „Fichtenmoped" (Motorsäge). Bei Viertaktmotoren empfiehlt sich eine Abgasanlage mit wenig oder gar keinen Schalldämpfern, mit Sportkatalysatoren oder ebenfalls gar keinen „Kats" und einer sehr großen Downpipe ohne Vorkatalysator, wenn ein Turbolader vorhanden ist. Allein einzelne Komponenten der Abgasseite des Motors können viele Tausend Euro kosten. Nach oben gibt es bekanntlich keine Grenzen. Vor allem Sportkatalysatoren und Fächerkrümmer sind äußerst belastend für die Brieftasche. Aber auch einfache Sportabgasanlagen für sportliche Autos bewegen sich gerne im vierstelligen Eurobereich. Außerdem stößt man beim Tuning der Abgasanlage auch sehr schnell an die Grenzen der Legalität. Entfernt ihr einen Schalldämpfer, seid ihr aufgrund der hohen Lautstärke schon nicht mehr legal mit eurem Auto unterwegs. Entfernt ihr einen Katalysator, kann man euch zusätzlich noch für Steuerhinterziehung drankriegen, denn ohne Katalysator verschlechtern sich die Abgaswerte und die Euro-Norm des Fahrzeuges. Überlegt euch also genau, was und wie ihr tunt und welche Grenze ihr überschreiten wollt. Nichts anderes ist es auf der Ansaugseite des Motors. Auch hier kann man sich sehr schnell in gesetzeswidrigen Umbauten wiederfinden. Allerdings können diese nicht ganz so schnell und leicht wahrgenommen werden, wie es im Gegensatz dazu bei der Abgasseite des Motors ist. Die Lautstärke durch einen entfernten Schalldämpfer nimmt man deutlich wahr. Die Rauchwolke, die durch einen entfernten Rußpartikelfilter entstehen kann, sieht man beim Diesel ganz deutlich. Und der Geruch, der aus der Abgasanlage kommt, wenn man einen Katalysator entfernt, ist ebenfalls ganz klar wahrzunehmen. Für welche Tuningteile und Maßnahmen ihr euch auch am Ende auch entscheidet, ich möchte euch dringlichst ans Herz legen, im Anschluss der Umbauten eine ordentliche Softwareabstimmung am Motorsteuergerät vornehmen zu lassen. Wenn ihr beispielsweise all die eben genannten Teile verbaut, werdet ihr mit Sicherheit einen großen Leistungszuwachs verzeichnen können und der Charakter des Motors wird äußerst zum Sportlichen tendieren. Es wird ein völlig neuer Motor sein. Doch erst mit einer richtigen Softwareabstimmung all dieser Teile, können sie letztendlich vollständig miteinander harmonieren und der Motor die neue Leistung erst richtig entfalten. Durch eine solche Abstimmung lässt sich ca. noch mal das Doppelte des Leistungszuwachses hinzufügen.

Vielleicht habt ihr schon mal von den sogenannten "Stages" gehört. Stage 1, Stage 2 und Stage 3. Hierbei handelt es sich um Tuningstufen in unterschiedlichen Ausführungen und Leistungssteigerungen.

Stage 1: Im klassischen Sinne handelt es sich bei einer Stage 1 lediglich um eine Softwareoptimierung. Alles andere am Motor bleibt Serie.

Stage 2: Ab einer Stage 2 jedoch, werden auch neue Hardwarekomponenten verbaut. Allerdings nur ansaug- oder abgasseitig. Anschließend gehört auch hier eine Softwareoptimierung dazu.

Stage 3: Bei einer Stage 3 werden dann zusätzlich zu den zuvor genannten Tuningmaßnahmen noch neue Turbolader, Kompressoren oder Innereien des Motors verbaut, um die Leistung maximal zu steigern.
Dies sind die klassischen Varianten der Stages. Mittlerweile ist dies bis auf die Definition der Stage 1, allerdings ein wenig durcheinandergeraten und die Tuningmaßnahmen bei den verschiedenen Stages unterscheiden sich in ihrer Definition, je nach Unternehmen oder Tuner. Vor allem aber die privaten Hobbytuner vermischen die ursprünglichen Definitionen mit den Tuningmaßnahmen. Mittlerweile sprechen manche auch aufgrund von anderen Differenzierungen der Tuningmaßnahmen sogar von Stage 4 und Stage 5.

Software-optimierungen

Eine Sparte des Tunings, die sich die letzten zwei Jahrzehnte so intensiv entwickelt hat wie keine Andere, ist das umgangssprachlich genannte Chiptuning. Aus technischer Sicht handelt es sich hierbei um die Optimierungen der Motorsteuerungssoftware. Dem Computerchip (Steuergerät), der den Motor steuert, werden hierdurch neue Grenzen gesetzt, wodurch mehr Leistung und Drehmoment zugelassen werden. Dies rentiert sich vor allem bei aufgeladenen Motoren. Bei ihnen sind Zuwachs von Pferdestärken und Newtonmeter im mittleren zweistelligen Bereich normal. Beispielsweise sind bei neueren V8-Biturbo-Motoren von Audi, BMW und Mercedes-Benz in den RS-, M- und

AMG-Modellen sogar auch Steigerungen von über 100 PS möglich. Und dies geschieht ausschließlich durch Veränderungen der Seriensoftware, mit der das Motorsteuergerät arbeitet. Auch beim Nissan GT-R (3.8 V6TT, 485, 530, 550, 570, 600 PS) und bei dem inzwischen etwas älteren Audi RS6 C6 (5.0 V10TT, 580 PS) sind solche Leistungssteigerungen keine Seltenheit. Preislich liegt eine Softwareoptimierung meist im hohen dreistelligen Bereich. Je nach Arbeitsaufwand und Luxus- oder Sportwagenzuschlag sind sie auch im Kostensegment über 1.000€ angesiedelt. Oft kann man eine Softwareoptimierung per OBD-Anschluss vornehmen. Manchmal jedoch, muss ein Motorsteuergerät erst ausgebaut und für zukünftige Neuprogrammierungen vorbereitet werden. Leider ist es heutzutage nicht damit getan, die Motorhaube zu öffnen und ein paar Schrauben zu lösen. Oftmals sind die Steuergeräte sehr versteckt und das auch nicht unbedingt im Motorraum. Außerdem ist es auch nicht immer einfach, die originale Software vom Hersteller zu "knacken" und den Computer entsprechend zu programmieren, sodass man eine neue Software aufspielen kann. Daher ist bei manchen Autos der Arbeitsaufwand sehr hoch. Manche Fahrzeuge haben das Steuergerät mit der Karosserie verschweißt und wiederum andere, besitzen sogar zwei Steuergeräte, wie zum Beispiel der Audi R8 V10. Von daher kann es vorkommen, dass bei solchen Autos ein erstmaliges Chiptuning etwas teurer als ein paar hundert Euro ausfällt. Aber im Sinne des Preistleistungsverhältnisses lohnt es sich mehr als jedes andere Tuning.

Motoren werden heutzutage nur noch über Elektronik und Software gesteuert. Manche werden dadurch ab Werk auch regelrecht kastriert. Sie werden in verschiedenen Leistungsstufen auf den Markt gebracht, sind aber bis auf die Software komplett gleich. Nur durch das Aufspielen einer neuen Motorsteuerungssoftware lässt sich dann die höchste Leistungsstufe entfalten und darüber hinaus meist sogar noch einen Bonus. Denn auch die höchste Leistungsstufe ist ab Werk nie am Limit, sondern hat meist ebenfalls noch Reserven, die nicht ausgereizt werden. Dies hat unter anderem den Grund, dass viele Fahrzeuge für unterschiedliche Länder und Märkte entwickelt werden und den unterschiedlichen Gegebenheiten, wie Umwelteinflüsse, atmosphärische Bedingungen, Kraftstoffqualitäten und gesetzliche Vorgaben, angepasst werden müssen. Deshalb wird von den Automobilherstellern immer ein gewisser Spielraum vorgesehen. Und da eben heute bei modernen Motoren nahezu alles über den "Computer" gesteuert wird, ist hierdurch auch mittlerweile so viel in Sachen Leistungssteigerung möglich geworden. Ein weiterer Indikator hierfür ist auch, dass Steuergeräte immer komplexer werden und immer mehr Berechnungen pro Sekunde durchführen können.

Chiptuning rentiert sich für gewöhnlich in vier Fällen:

1. Der Motor ist mit einem Kompressor oder idealerweise mit einem Turbolader ausgestattet. Hierbei ist es egal, ob das Aggregat Diesel oder Benzin verbrennt. Durch die Aufladung sind, meist im Gegensatz zu einem natürlich beatmetem Saugmotor, Möglichkeiten der Leistungssteigerung gegeben.

2. Der Motor hat neue Tuningteile verbaut bekommen. Hierbei ist es egal, ob es sich um einen Sauger oder einen aufgeladenen Motor handelt.

3. Der Motor hat ab Werk Schwächen, die durch Fehlkonstruktionen oder unsachgemäße Programmierung Zustande kommen. Hierfür ist ein Saugmotor sogar das beste Beispiel. Doch darauf wird im Kapitel „Performance“ näher eingegangen.

4. Der Motor wurde ab Werk ausschließlich durch die Software in seiner Leistung und seinem Drehmoment begrenzt, da er ein niedriger motorisiertes Modell bedienen soll.

Ein normal laufender Sauger ist jedoch nicht gerade für Softwareoptimierungen prädestiniert. Dies sind für gewöhnlich eher die Turbomotoren. Allerdings stimmt es auch nicht, wie in unzähligen Foren behauptet wird, dass bei einem Sauger durch ein Chiptuning rein gar nichts zu erreichen wäre. Nur ist der Leistungszuwachs im Vergleich zu aufgeladenen Motoren sehr gering und meistens nahezu Null. Oftmals dient eine Softwareoptimierung der Motorsteuerung nur dem Erreichen der Serienleistung, die das Fahrzeug schon im Voraus nicht hat. Leider hat man dieses negative Phänomen bei Saugmotoren im sportlichen Bereich recht häufig. Meist lohnen sich Softwareoptimierungen bei Saugmotoren also nur, wenn sie ab Werk bereits über die Software absichtlich eingeschränkt wurden, sie ab Werk eine fehlerhafte Software haben oder sie von ihrem Besitzer bereits mit neuen Bauteilen versehen wurden. Von daher ist Chiptuning meist „Turbosache“. Bei ihnen ist die Leistungsausbeute und der Drehmomentzuwachs um ein Vielfaches höher und mindestens im zweistelligen Bereich angesiedelt.

Wichtig ist auch, dass ihr euch bei einem seriösen Tuner eurer Wahl, eine ordentliche Abstimmung machen lasst. Achtet darauf, dass ihr keine Software von der Stange bekommt, die einfach nur allgemein für den Motor in eurem Fahrzeug geschrieben wurde. Sucht euch einen Tuner, der euer Fahrzeug auf dem Prüfstand oder auf der Straße misst, den Istzustand ermittelt und darauf den Motor individuell abstimmt. Dies dient vor allem einerseits der Schonung des Motors und andererseits auch einer effizienteren Leistungsausbeute. Vor allem, wenn ihr bereits Tuningteile verbaut habt, da diese nur von einer richtigen, individuellen Abstimmung erfasst werden. Ich empfehle euch dringlichst von irgendwelchen Massenfertigungen von Tuningchips abzusehen. Vor allem, wenn kein Name hinter dem Tuning steht. Solche Noname-Software findet man massenhaft und meist recht verlockend günstig im Internet. Diese muss zwar nicht immer schlecht sein und normalerweise bin ich auch nicht derjenige, der grundsätzlich Wert auf die teuersten Markensachen legt. Ganz im Gegenteil. Aber bei der Programmierung von Motorsteuerungssoftware geht es um absolute Kompetenz. Ich habe schon ausgebaute Motoren gesehen, bei denen der Zylinderblock und die Kolben regelrecht weggeschmolzen waren. Und das nur, weil das Motormanagement durch ein unseriöses Chiptuning so verhunzt wurde, dass sie nicht mehr richtig liefen, zu heiß wurden und letztendlich durch die Materialschmelze einen Totalschaden erlitten. Man möchte es eigentlich kaum glauben. Aber eines ist klar: Das wünscht sich niemand! Oftmals haben unerfahrene, leistungssuchende Menschen Angst, dass eine Softwareoptimierung ihrem Motor schadet und nur sinnlose Reparaturen und Kosten statt Spaß verursachen. Dies wird leider auch oft in Foren verbreitet. Dazu gibt es lediglich zu sagen, dass wenn ein seriöser Tuner den Motor vernünftig auf seinen Istzustand abstimmt und es dabei auch nicht übertreibt, durch das Tuning normalerweise absolut keine Schäden auftreten. Fakt ist allerdings, dass vorhandene Serienbauteile vor allem ansaugseitig und im Motor mehr beansprucht werden. Ein guter Tuner achtet darauf, dass hier keine Belastungsgrenzen überschritten werden. Fährt man allerdings ein Auto, dass schon eine beachtlich hohe Laufleistung aufweist, kann es sein, dass zum Beispiel im Ansaugsystem, im Motor oder an anderen Stellen bereits Verschleiß vorzufinden ist. Durch ein Chiptuning werden diese Schwachstellen dann verstärkt gereizt. Man muss sich darüber im Klaren sein, dass hierdurch dann der ein oder andere Schaden entstehen kann, wenn der Motor beispielsweise bereits 200.000 Kilometer und mehr gelaufen ist. Jedoch ist dafür das Chiptuning nicht verantwortlich. Es hebt lediglich die Schwachstellen hervor.

Achtet bei einer Optimierung auch darauf, dass nicht nur plump der Ladedruck und die Kraftstoffmenge erhöht werden. Dies wäre eine äußerst schlechte und primitive Optimierung. Mindestens genau so wichtig ist die Programmierung des Zündwinkels. Hierfür besitzen die Motorsteuergeräte eigene Kennfelder. Der Tuner muss auch auf Sicherheitsvorkehrungen achten. Er darf es mit den neu programmierten Grenzen nicht übertreiben. Der Motor muss sauber laufen und darf auf keinen Fall überhitzen. Habt ihr eine Aral-Tankstelle bei euch in der Nähe, die ihr Super-Plus-Produkt „Aral Ultimate" mit 102 Oktan verkauft? Wenn ihr bereit seid, ein paar Cent mehr pro Liter auszugeben, kann euch ein Tuner auch ein Kennfeld für dieses hochoktanige Benzin programmieren. Dieses Benzin hat unter den normalen Tankstellen in Deutschland die höchste Klopffestigkeit und somit kann ein Motor hiermit mehr Leistung entfalten und auch den Verbrauch senken. Ihr müsst allerdings darauf achten, dass es 102 Oktan hat. Aral Ultimate wird auf vielen Dörfern, in Kleinstädten und ländlichen Gegenden, sowie im Ausland, auch oft nur mit 98 Oktan vertrieben. Dies ist dann wiederum ganz normales Super Plus Benzin. Damit euer Motor den hochwertigen Kraftstoff über 98 Oktan überhaupt sachgerecht ausnutzen kann, benötigt das Steuergerät ein Kennfeld dafür. Ich empfehle euch allerdings Abstand von „Shell V-Power 100" zu halten. In unzähligen Tests wurde bereits bewiesen, dass dieser Kraftstoff seine angegebenen 100 Oktan bei weitem nicht erreicht.

Und liebe Tuningfans und Autofreaks bitte lasst eure Softwareabstimmung immer erst machen, nachdem ihr irgendwelche Teile am Motor getauscht habt. Das ist ganz wichtig, denn dadurch ergibt sich, wie bereits erwähnt, ein viel höherer Leistungszuwachs. Habt ihr zum Beispiel vor, noch eine sportlichere Abgasanlage zu verbauen oder einen größeren

Ladeluftkühler, dann macht dies immer bevor ihr bei einem Tuner die Software neu programmieren lasst.

Die goldene Regel für Optimierungen am Motorsteuergerät ist:

Hardware vor Software!

Denn der Programmierer kann dann die neuen Bauteile, die ja in der Regel besser und belastbarer sind und für mehr Volumen sorgen, in seine Arbeit miteinbeziehen. Hierdurch lässt sich, ohne dass man sich Sorgen um den Motor machen müsste, eine noch deutlich höhere Leistungsausbeute erzielen. Dies ist natürlich abhängig von der Anzahl und der Art der getauschten Motorteile. Natürlich programmiert der Tuner nicht nach der Logik: „Du hast jetzt eine neue Downpipe. Also mach größere Zündungen im Motor und entwickele mehr Leistung." Aber er kann aufgrund der neuen Hardwarekomponenten, in diesem Fall eine Downpipe, die den serienmäßigen Vorkatalysator ersetzt, durch das Neuschreiben von Kennfeldern gewisse Grenzwerte und Sollwerte neu definieren. Dadurch lässt das Steuergerät je nach Leistungsabruf des Fahrers größere Zündungen zu, die durch höheren Ladedruck und neue Zündzeitpunkte entstehen. Dazu entwickelt der Motor unter Volllast mehr Leistung und Drehmoment. Der Tuner kann dies reinen Gewissens so programmieren und die neuen Werte festlegen, da er weiß, dass durch die neue Downpipe weniger Abgasgegendruck und weniger Hitzestau an der Auslassseite des Motors herrschen. Das Steuergerät weiß also logischerweise nicht, was an der Hardware vom

Motor verändert wurde, kann aber dennoch durch die neuen, hochwertigeren Bauteile mehr Leistung herausholen. Falls ihr euch jetzt fragt, wo ihr seriöse Softwaretuner findet, die all diese Ansprüche erfüllen, braucht ihr nicht großartige Suchaktionen starten. Denn für viele Automarken gibt es noch mal jeweils Experten unter den eigentlichen Tunern, die sich ausschließlich auf bestimmte Marken, Modelle oder sogar nur Motoren spezialisiert haben. Natürlich gibt es große, bekannte Tuningnamen, wie Irmscher für Opel, MTM für Audi, ABT für VW und die dazugehörigen Marken, und Brabus für Mercedes-Benz. Aber diese Unternehmen zeichnen sich eher dadurch aus, dass sie schöne und nagelneue Fahrzeuge ab Werk etwas optisch und leistungstechnisch aufpeppeln und dann als ihr eigenes Modell anbieten. Oder aber sie verkaufen eben diese Änderungen an den gleichen Fahrzeugen von Kunden als Tuningpakete. Dies wird dann als Einzelpaket (zum Beispiel nur Software) oder als Teil- oder Gesamtpaket verkauft. Doch das reicht in meinen Augen nicht wirklich aus, um einen sympathischen Expertenstatus unter Tuningfirmen zu haben. Ganz egal, ob er sich auf eine bestimmte Automarke bezieht oder nicht. Zumal diese Firmen ihre Software für die Motoren meist auch nur von anderen Herstellern als massengefertigtes Produkt einkaufen und als ihr Eigenes an den Endkunden weitervertreiben. Die Tuningschmieden, die ich euch nun vorstelle, haben ihr Geschäft vor allem daraus entwickelt, dass sie sich mit den Problemen von bestimmten Fahrzeugen beschäftigt haben und für diese eine tuningbasierte Lösung gefunden haben. Sie beschäftigen sich mit den Sorgen der Fahrzeugbesitzer, mit Leistungsverlust und den Schwachstellen der Motoren.

Einige von ihnen schreiben sogar die Motorsteuerungssoftware selbst und können eure Fahrzeuge nach einer Messung individuell auf eure Bedürfnisse abstimmen.

Tuningfirmen

Marke	Tuningfirma	Standort
Audi	RS-Klinik	Burgdorf, Niedersachsen
BMW & McLaren	Simon Motorsport	Hückelhoven, Nordrhein-Westfalen
Ford	Puma-Schmiede	Hauenstein, Rheinland-Pfalz
	Wolf Racing	Neuenstein, Baden-Württemberg
Nissan & Infinity	CTD Germany	Rheinberg, Nordrhein-Westfalen

Natürlich gibt es gerade für die Premiummarken Audi, BMW, Mercedes-Benz und Volkswagen, wieder jede Menge Tuningfirmen, die ihre Software für die Fahrzeuge anbieten. Doch ragt nicht wirklich eine unter ihnen heraus. Stattdessen kann ich euch aber nicht nur für BMW, sondern für nahezu jede Deutsche Marke und für jede, die zu einer Deutschen gehört, die Firma „Simon Motorsport“ wärmstens empfehlen. Der persönliche Schwerpunkt des Firmengründers „Franz Simon“, liegt eher auf Modellen der Marken BMW und McLaren. Der Schwerpunkt seines Unternehmens hingegen, bezieht sich auf alle Supersportwagen, Premiumfahrzeuge und deren Untermarken. Also nicht nur die "dicken Kisten", sondern zum Beispiel auch Mini, Seat und Škoda. So ist er in der Lage, vom Audi R8 bis zum Porsche 911 GT3 herausragende Software zu verkaufen, die er sogar selbst schreibt. Er ist eine Koryphäe auf dem Gebiet des Softwaretunings. Bessere und individuellere Arbeit bekommt man am Markt für sein Motorsteuergerät nicht.

Übrigens bekam er einen gewissen Teil seines Bekanntheitsgrades auch dadurch, dass er wie gewisse andere namenhafte Ruhrpott-Tuner, einen erfolgreichen YouTube-Kanal führt. Auf diesem könnt ihr euch selbst von seiner außergewöhnlichen Kompetenz überzeugen.

Sauger

Der gute alte Sauger! Er zeichnet sich dadurch aus, dass er weder turbo-, noch kompressoraufgeladen ist. Außerdem hat er auch einen völlig eigenen Charakter. Saugmotoren produzieren einen kernigeren Klang und haben ein zackigeres Ansprechverhalten. Für viele eingefleischte Autofans sind sie das einzig wahre Aggregat. Vor allem Anhänger von Amerikanischen Muscle-Cars sind oft der Ansicht, dass man auf Turbolader gänzlich verzichten sollte. Ich gebe zu, auch ich war einige Zeit lang dieser Meinung. Nachdem ich lange Zeit viel Ärger mit in die Jahre gekommenen turbo- und biturboaufgeladenen Fahrzeugen hatte und irgendwann nur noch enttäuscht und angefressen war, nahm ich mich der Meinung an, dass Saugmotoren alltagstauglicher und zuverlässiger sind. Motoren mit Turboladern ordnete ich eher der Kategorie Spaß- und Sommerfahrzeuge zu. Ganz Unrecht hatte ich dabei auch nicht. Denn Turbolader sind sensible Bauteile, die bei falscher Behandlung stark verschleißen können. Außerdem bringen sie extrem viel Technik und Sensorik mit sich, die man bei einem Saugmotor hingegen nicht benötigt. Aber heutzutage kommt man um Turbolader kaum noch herum. Und mittlerweile will ich das auch gar nicht mehr, denn es gibt doch nichts schöneres, als von dem „Punch" eines großen Turboladers in den Sitz gedrückt zu werden.

Saugmotoren haben den Vorteil, dass ähnlich wie bei Elektromotoren, ihre je nach Drehzahl anliegende Kraft, sofort zur Verfügung steht und kein Turboloch überwunden werden muss. Außerdem können sie sportlicher, agiler und drehfreudiger sein, als aufgeladene Motoren. Doch das ist natürlich auch ein Stück weit davon abhängig, wie bissig sie ab Werk gebaut und eingestellt oder später getunt sind. Doch unter gleichen Voraussetzungen, wie Hubraum, Zylinderanzahl und so weiter, ist dem Sauger gegenüber ein Turbomotor in Sachen Beschleunigung, Leistung und Drehmoment immer im Vorteil. Er ist nicht nur effizienter, sondern bringt auch eine deutlich bessere Performance. Deshalb leiden moderne Motoren auch unter dem sogenannten „Downsizing". Dieser Begriff beinhaltet, dass die Motoren immer weniger Hubraum haben, gleichzeitig aber mit Hilfe von Turboaufladung immer mehr Leistung, Drehmoment und Performance entwickeln. Sie werden also dementsprechend „hochgezüchtet". Parallel werden sie durch die Einsparung von Hubraum und mageres Laufen (kraftstoffarmes Benzinluftgemisch) in Teillastbereichen immer sparsamer. Viele Menschen, auch solche, die nicht mal unbedingt Autofans sind, prangern dies an. Denn all diese neuen positiven Eigenschaften gehen zur Last der Haltbarkeit. Darüber hinaus entstehen so auch noch giftigere Abgase. Bei Benzinern, als auch bei Dieselmotoren. Viele Automobilhersteller passen ihre Produkte natürlich an und verstärken entsprechend die Motoren oder rüsten sie beispielsweise mit Filtern aus. Doch trotzdem haben viele moderne, hubraumschwache Turbomotoren immer wieder Probleme mit ihren viel zu klein dimensionierten Steuerketten oder den Ladedrucksystemen.

Und auch die Zahlen der kompletten Motorschäden häufen sich. Das Downsizing nimmt inzwischen mithilfe von Turboladern Formen an, die sich vor gerade mal zwei Jahrzehnten noch niemand vorstellen konnte. Während vor 10 Jahren noch ein hubraumstarker V8 mit viel Drehzahl und Sportlichkeit für 400 PS benötigt wurde, sprengt jetzt der Daimler-Konzern in Sachen Downsizing alle Rahmen und Vorstellungen. Denn ausgerechnet Mercedes-Benz, die Marke die so für ihre pompös großen Achtzylinder bekannt war und gefeiert wurde, macht nun mit einen bereits in der vierten Generation entwickelten 2.0 Liter Reihenvierzylinder mit sage und schreibe 421 PS, Schlagzeilen. Dieses Aggregat kommt im aktuellen A45 AMG S zum Einsatz. Wo Mercedes-Benz turboaufgeladene Vierzylinder verwendet, kommen bei Audi immerhin noch 2.5 Liter Fünfzylinder in vergleichbaren Autos zum Einsatz. BMW bevorzugt dagegen sogar noch einen Zylinder mehr und versorgt die Liebhaber der Marke mit ihren Modellen M140i (340 PS) und M2 (370 PS und 410 PS) mit 3.0 Reihensechszylindermotoren. Diese sind natürlich auch turboaufgeladen, aber haben dafür zwei Zylinder und einen ganzen Liter Hubraum mehr.

Sportwagen / Coupés

Audi	BMW	Mercedes-Benz
TT RS 8S	**M2 F22**	**CLA45 AMG S 177**
2.5 R5T	3.0 R6TT	2.0 R4T
400 PS	370 PS 410 PS	421 PS

In der Mittelklasse sieht es hingegen ganz anders aus. BMW bleibt bei den Sechszylindern. Audi stockt ebenfalls um einen Zylinder auf und der Erfinder des Automobils, Mercedes-Benz, schreckt dort sogar vor Achtzylindermotoren noch nicht zurück. Erfreulicherweise bleibt sich Mercedes hier treu.

Mittelklasse

Audi	BMW	Mercedes-Benz
RS4 B9 **RS5 F5**	**M3 F80** **M4 F82**	**C63 AMG 205**
2.9 V6TT	3.0 R6TT	4.0 V8TT
450 PS	431 PS, 450 PS 460 PS, 500 PS	476 PS 510 PS

In der oberen Mittelklasse unserer edlen Premiumhersteller sieht es dagegen aktuell wie folgt aus: Mittlerweile verbauen hier alle drei Premiumhersteller biturboaufgeladene Achtzylindermotoren, die bei weitem auch nicht mehr den Charakter ihrer Vorgänger haben. Dafür leisten sie aber eine wahnsinnige Performance. Auch hier ist BMW tatsächlich wieder am Hubraumstärksten.

Obere Mittelklasse

Audi	BMW	Mercedes-Benz
RS6 C8, RS7 C7	**M5 F90 M6 G32**	**E63 AMG 213**
4.0 V8TT	4.4 V8TT	4.0 V8TT
560 PS, 600 PS 605 PS	560 PS, 575 PS 600 PS, 625 PS	571 PS 612 PS

Und zu guter Letzt die Ober-, beziehungsweise Luxusklasse:

Oberklasse

Audi	BMW	Mercedes-Benz
S8 D4	**M760Li G11**	**S65 L AMG 222**
V8TT	6.6 V12	6.0 V12TT
520 PS 605 PS	585 PS 610 PS	630 PS

Auch wenn Mercedes-Benz wie gewohnt, in der Mittelklasse noch immer die dicksten Motoren hat, sieht man doch deutlich, dass eher BMW der Automobilhersteller ist, welcher noch am meisten Wert auf Hubraum legt. Dies ist klar an den oberen und unteren Klassen zu erkennen.

Wie man sieht, gehört der Saugmotor in der modernen Autowelt bereits leider der Vergangenheit an. Während sich im vergangenen Jahrzehnt der benzinbetriebene Sauger noch nicht von der Bildfläche vertreiben lassen hat, gibt es Saugdiesel hingegen schon seit gut 20 Jahren fast gar nicht mehr. Der letzte halbwegs Bekannte seiner Art lief 2010 vom Band und war zu diesem Zeitpunkt schon über alle Maße veraltet und im Prinzip schon fast unbrauchbar, so unterentwickelt wie er ohne Turbolader nun mal leider war. Saugmotoren oberhalb der Vierzylindergrenze werden vor allem für ihr charakteristisches Klangbild bewundert. Völlig zu Recht! Oft haben sie mehr Hubraum und können mehr Umdrehungen pro Minute erreichen. Wobei dies theoretisch von den Zylindern unabhängig ist. Dies sind bei einigen sportlichen Autos wichtige Indikatoren für die Klangkulisse. Beispielsweise dreht der Boxermotor des Porsche 911 991.2 GT3 RS (4.0 B6, 520 PS) bis 9.000 Umdrehungen pro Minute. Sein großvolumiger Boxermotor erzeugt dabei ein unnachahmliches Geschrei. Der Sound, den dieses Aggregat bei solch hohen Umdrehungen macht, bewirkt ein garantiertes „Gänsehaut-Feeling". Für besonders großartigen Sound ist auch der Reihensechszylinder aus dem BMW E46 M3 und der V8 aus dem BMW E92 M3 bekannt. Auch bei ihnen handelt es sich um Hochdrehzahlmotoren, welche ab Werk bereits extrem getunt waren, um auf ihre, für damalige Verhältnisse, hohe Leistung zu kommen (E46 M3: 3.2 R6, 340 PS und E92 M3: 4.0 V8, 420 PS). Das Klangbild des E46 M3 ist weltweit einzigartig und in seiner Form nur bei diesem Auto so zu bekommen. Einzigartig ist der Sound auch bei den S85B50-Motoren von BMW. Die Zehnzylinder (5.0 Liter mit 507 PS) kamen im E60 M5 und im E63 M6 zum Einsatz. Auch sie bekamen umfassende Tuningmaßnahmen von den Ingenieuren der hauseigenen Tuningschmiede „M-GmbH". Das Ergebnis war brachial! Das infernalische Geheul des Hochdrehzahl-V10 wird überall geliebt oder tatsächlich auch gehasst, wo auch immer ihn seine Räder hintragen. So auch der Lexus LFA (4.8 V10, 560 PS). Sein Sound ist dem legendärem V10 von BMW äußerst ähnlich. Leider gibt es jedoch nur 500 Exemplare weltweit von ihm. Interessant ist auch der Klang des Honda S2000. Ich gehöre eigentlich nicht der Fangemeinde dieses Wagens an. Und der von Vierzylindermotoren schon gar nicht. Dennoch ist dieses Exemplar äußerst beeindruckend. Ganze 9.000 Umdrehungen pro Minute erreicht der 2.0 Liter Vierzylinder und generiert dabei 241 PS. Interessant ist dieser Motor außerdem, da er so sehr auf Drehzahl ausgelegt wurde, dass er eines der wenigen Aggregate in der Automobilwelt ist, welches mehr Leistung als Drehmoment hat. Denn das Drehmoment liegt bei lediglich 208 Nm. Die PS-Leistung hingegen ist für einen Motor mit 2.0 Liter Hubraum ohne Aufladung respektabel hoch! Gefallen hat mir als einer der wenigen Vierzylinder auch der aus dem Nissan 180SX, welcher in der US-Amerikanischen Version sogar 2,4 Liter hatte. Dort hieß er allerdings 240SX, da er dort nicht wie in Japan den 1.8 Turbo bekam. Einer der größten Vierzylindermotoren, die je in Serie gingen. Er leistete lediglich 140 PS. So viel Hubraum und so wenig Leistung müssen geradezu einen guten Klang erzeugen. Denn es existiert tatsächlich das Phänomen, je älter und leistungsärmer ein Motor ist, desto charakteristischer und schöner ist sein Klang. Dies kann man vor allem gut bei Amerikanischen Pony-Cars sehen. Aber auch zum Beispiel bei Maserati, Ferrari und Lamborghini. Italienische V12-Motoren und US-Amerikanische V8-Motoren sind in Sachen Klang ungeschlagen die Könige ihrer Disziplin. Doch dies hängt nicht nur mir dem großen Hubraum der Muscle-Car-Motoren zusammen, wie es oft so plump dargestellt wird. Für den klanglichen Unterschied eines Amerikanischen V8 und eines beispielsweise Deutschen V8, ist die Zündfolge der einzelnen Zylinder und vor allem die Bauart der Kurbelwelle noch deutlich entscheidender. Bei Amerikanischen, Italienischen und manchmal auch bei Britischen Motoren werden oftmals sogenannte Flatplane-Kurbelwellen verbaut. Auf diesen Kurbelwellen sind die Zapfen zweidimensional angeordnet. Bei Asiatischen und vielen Europäischen Automobilherstellern werden hingegen meist dreidimensionale, sogenannte Crossplane-Kurbelwellen, verwendet. Die Ausnahme sind Vierzylindermotoren. Diese haben zumindest in Kraftfahrzeugen immer Flatplane-Kurbelwellen. Das bedeutet, dass immer zwei Zylinder zur gleichen Zeit den Zündzeitpunkt erreichen. Im Arbeitstakt befindet sich allerdings dann jedoch bei Vierzylindermotoren nur ein Zylinder. So auch zum Beispiel bei den V8-Motoren. Mit Crossplane-Kurbelwellen hingegen, befindet sich bei Achtzylindern ebenfalls immer nur ein einziger

Zylinder im Arbeitstakt und zündet. Dies verändert folglich auch die zeitlichen Abstände zwischen den einzelnen Zündungen. Bei Flat-Plane-V8-Motoren zünden zwei Zylinder gleichzeitig. Und dies ist wiederum entscheidend für das Klangbild und macht den Großteil des akustischen Charakters bei Motoren aus. Zumindest wenn sie im Serienzustand sind. Wichtig hierfür sind nicht nur die Kurbelwelle und der Hubraum, sondern auch die Anzahl der Zylinder und die Bauart des Motors. In nahezu jeder Bauart gibt es Motoren, die einen besonders schönen und beliebten Klang haben. Zum Beispiel die Sechszylinderboxermotoren von Porsche, US-Amerikanische Achtzylinder-V-Motoren, die Reihensechszylindermotoren von BMW, Reihenfünfzylindermotoren von Audi, VR-Motoren von VW, Vierzylinderboxermotoren von Subaru aus Japan und nicht zu vergessen, Italienische Zwölfzylindermotoren, um nur einige zu nennen. Sie alle besitzen auf der ganzen Welt Anhänger und Fangemeinden. Unter den Deutschen Autoherstellern haben vor allem die großvolumigen 6.2 V8-Sauger von AMG, viel Charakter bessen. Diese hat Mercedes-Benz über einen langen Zeitraum in all ihren Höchstmotorisierungen, den AMG-Modellen, verbaut. Auch wenn aus traditionellen Gründen die Bezeichnungen der Modelle C63 AMG, E63 AMG, usw. hießen, hatten die Motoren tatsächlich 6.2 Liter, statt der im Namen enthaltenen 6.3. Durch den großen Hubraum und die sportlichen Abgasanlagen von AMG, haben die Motoren einen wirklich pompösen Klang erzeugt. Sie wurden später leider durch 5.5 V8 Biturbomotoren ersetzt und haben inzwischen sogar nur noch 4.0 Liter Hubraum. Der Name ist jedoch gleich geblieben. Hierdurch hat sich leider auch das Klangbild sehr verändert. Besonders beliebte Zwölfzylinderklänge weisen der Lamborghini Murciélago (6.5 V12, 640, 650, 670 PS) und der Apollo IE (6.3 V12, 780 PS) auf. Das „IE" in seinem Namen steht übrigens für „**I**ntensa **E**mozione". Dies ist Italienisch und bedeutet so viel wie „intensives Gefühl". In Anbetracht der Leistung, des Zwölfzylindermotors und des Klanges, den er entwickelt, ein äußerst passender Name. Dass die älteren Italienischen V12-Motoren einen besonders schönen Klang erzeugen, hat technisch gesehen auch einen Grund, denn beide der zuvor genannten Fahrzeuge sind unter anderem mit der mittlerweile eher veralteten Saugrohreinspritzung ausgestattet. Heutzutage setzt man allerdings eher auf eine Direkteinspritzung. Diese ist effizienter, sorgt für mehr Leistung und gleichzeitig niedrigeren Spritverbrauch. Zum Beispiel die bekannte FSI-Technik von Audi. „**F**uel **S**tratified **I**njection" bedeutet im Endeffekt, dass es sich um einen Saugmotor mit Benzindirekteinspritzung handelt. Ältere Motoren, die stattdessen noch mit einer Saugrohreinspritzung arbeiten, auch bei manchen Automarken als MPI (**M**ulti **P**oint **I**njection = Mehrpunkteinspritzung) bekannt, weisen einen kraftvolleren und sonoreren Klang auf. Noch extremer ist dieser Effekt bei deutlich älteren Motoren, welche ihre Kraftstoffversorgung noch durch einen oder sogar mehrere Vergaser bekommen. Ihr Sound ist geradezu bombastisch, verglichen mit aktuellen Autos. Hier ergibt sich also tatsächlich das bereits erwähnte, interessante Phänomen: Je älter das Fahrzeug ist und je schlechter die Performance des Motors ist, desto schöner und charakteristischer ist oftmals sein Klang.

Turbolader

Hubraum ist durch nichts zu ersetzen! So heißt es oft bei Autofans, aber auch bei weniger Autobegeisterten. Dieses Sprichwort dürfte längst jedem bekannt sein. Doch so ganz stimmt es wohl nicht. Das sehen zumindest manche Fans von Turbomotoren, als auch die Automobilhersteller so. Denn durch seine Effizienzsteigerung und die Möglichkeit der deutlich höheren Leistungsausbeute hat der Turbolader unlängst den natürlich beatmeten Saugmotor vom Fahrzeugmarkt verdrängt. Allenfalls in Amerikanischen Muscle-Cars und Europäischen Hypercars, wie zum Beispiel dem Lamborghini Aventador (6.5 V12, 700 PS – 770 PS) oder dem Porsche 918 (4.6 V8EE, 887 PS) kommen Saugmotoren noch aufgrund ihres dort hohen Entwicklungsstandes und ihres exotischen Charakters bei vielzylindrigen

Motoren (V8, V10, V12) vor. Der Turbomotor hat also längst den Markt übernommen und dies hat seine Gründe. Denn gewissermaßen ersetzt ein Turbolader nun mal doch Hubraum. Wo früher für 150 PS ein 2.0-Vierzylinder-Sauger benötigt wurde, reicht heute auch spielend ein turboaufgeladener 1.4-Vierzylinder.

Dieser hat dann sogar noch größere Leistungsreserven und einen deutlich niedrigeren Kraftstoffverbrauch. Auch seine Performance ist erheblich besser, was sich im Durchzug spürbar bemerkbar macht. Das meiner Meinung nach Schönste an Turbomotoren ist, neben dem zischenden Geräusch des Laders, die Performance, die ein gut abgestimmter Turbobenziner bringt. Unter gleichen Verhältnissen ist diese besser als bei einem Elektromotor und besser als bei einem modernen Turbodieselmotor, sei er auch noch so hochgezüchtet und drehmomentstark. Doch wie funktioniert das eigentlich? Was verbirgt sich hinter dieser unseriös coolen Bezeichnung „Turbo“? Was ist ein Turbolader und was bewirkt er? Jeremy Clarkson, der Kopf des berühmten Moderatorentrios der erfolgreichsten und bekanntesten Auto-TV-Show der Welt „Top Gear“ vom Britischen Sender BBC (mittlerweile „The Grand Tour“ bei Amazon Prime), sagte mal:

„Exhaust gasses go into the turbocharger and spin it.
Witchcraft happens and you go faster!“

Hätte ich diesen Satz in „WhatsApp“ geschrieben, hätte ich wahrscheinlich mindestens 10 „Lach-Emojis“ mitgeschickt, um diesen großartigen Britischen Humor zu unterstreichen. Sicher wissen die meisten von euch, was ich damit meine. Auf Deutsch übersetzt heißt der Satz so viel wie: „Abgase gehen in den Turbolader und drehen ihn. Hexerei passiert und Du wirst schneller.“ Dies ist natürlich aus wissenschaftlicher Sicht eine komplett unbefriedigende Erklärung, da sie nichts erläutert. Um den Britischen Humor zum Ausdruck zu bringen, ist die Aussage wiederum ganz passabel. Ich für meinen Teil, konnte mir tatsächlich das Prinzip des Turboladers erstmalig ausnahmsweise durch eine Erklärung besser vorstellen und nicht durch ansehen und anfassen des Bauteiles. Der Turbolader besteht aus zwei Turbinen, die mit einer Welle verbunden sind. Die eine Turbine wird vom Abgasdruck des Motors angetrieben und beschleunigt. Sie dreht die Welle und damit die zweite Turbine mit. Durch die zweite Turbine wird Luft angesaugt und im Motor unter Druck verdichtet. Hierbei spricht man vom Ladedruck. Es befindet sich also mehr Luft im gleichen Hubraum als bei einem Saugmotor und somit folglich auch mehr Sauerstoff. Mit der Zugabe von einer angepassten, aber logischerweise höheren Kraftstoffmenge, entsteht so deutlich mehr Leistung und Drehmoment. Durch diese Art und Weise des zusätzlichen motorinternen Energiekonzeptes entsteht auch letztlich eine bessere Performance und ein höherer Wirkungsgrad als beim klassischen Saugmotor. Obwohl Turbomotoren meist deutlich weniger drehfreudig sind, beschleunigen sie im Verhältnis doch um einiges besser. Das Phänomen bezüglich der

Drehfreudigkeit lässt sich übrigens beispielsweise ganz einfach im Leerlauf mit Gasstößen überprüfen.

Turbomotoren werden von den Automobilherstellern gerne mit einem **T** gekennzeichnet oder aber auch mit weiteren Kürzeln, die heutzutage jedem Bekannt sein dürften. „TSI" (**T**urbocharged **S**tratified **I**njection = Benzindirekteinspritzung mit Turboauflandung) ist die Bezeichnung von VW, Seat und Škoda. „TFSI" (**T**urbocharged **F**uel **S**tratified **I**njection) wird für die gleiche Technik von Audi verwendet. Viele andere Hersteller fügen hinter der Hubraumzahl lediglich ein „T" oder den Schriftzug „Turbo" hinzu. Die zuvor genannten, sowie einige weitere Automarken benutzen die Bezeichnung

TDI (**T**urbo **D**iesel **I**njection = Turboaufladung mit Dieseldirekteinspritzung) für ihre Dieselmotoren. Bei Opel verwendet man „CDTI“ und bei Mercedes-Benz „CDI“. „GTDi“ (Gasoline Torbocharged Direkt injektion) ist wiederum die Bezeichnung von Volvo für ihre turboaufgeladenen Benzindirekteinspritzer, welche baugleich mit den „Eco-Boost-Motoren“ von Ford sind. Renault verwendet die Bezeichnung „TCe“, während der PSA-Konzern als zweitgrößter Automobilhersteller Europas, für seine Marken Peugeot und Citroën „THP“ als Bezeichnung für die turboaufgeladenen Benzinmotoren und „HDI“ (**H**igh Pressure **D**irekt **I**njection = Hochdruckdirekteinspritzung) ihre hochgelobten Turbodieselmotoren benutzt. BMW kennzeichnet seine Benzinmotoren grundsätzlich mit einem „**i**“ (**I**njection), egal ob turboaufgeladen oder nicht und seine Dieselmotoren mit einem „**d**“. Letztere sind übrigens grundsätzlich mit mindestens einem Abgasturbolader ausgestattet. BMW ist hier in Sachen Turboaufladung ein äußerst interessanter Hersteller, denn in der Generation F10 des 5er BMW kam ein bis dato einzigartiger Dieselmotor auf den Markt. Ein 3.0 Reihensechszylinder. Soweit nichts Neues, geschweige denn etwas besonderes. Was ihn aber von allem bisher dagewesenem unterscheidet, war seine dreifache Turboaufladung. Damit generierte er 381 PS und 740 Nm und beschleunigte den M550d in 4,7 Sekunden auf 100 Km/h. An sich noch nicht unbedingt ein Performance-Wunder, aber für einen 3.0 Liter Diesel irrsinnig schnell. In der aktuellen Version des 5er (G30) setzt BMW noch einen drauf. Und zwar im wahrsten Sinne des Wortes, denn ein weiterer Turbolader ist hinzugekommen. Vierfache Turboaufladung gab es zuvor nur bei Bugatti. Jedoch für

Motoren mit vier Zylinderbänken, 8.0 Liter Hubraum und mindestens 1.000 PS. Der BMW-Motor jedoch leistet 400 PS und ob sich ein ganzer Turbolader für die 19 PS Mehrleistung zum Vorgängermodell lohnt, ist fragwürdig. An sich handelt es sich hierbei um modernste und äußerst beeindruckende Technik. Und vier Turbolader unter der Haube zu haben, kann gewiss nicht jeder von sich behaupten. Doch wo immer mehr und mehr Turbotechnik zu finden ist kann auch mehr kaputt gehen. Ganz zu schweigen von der ganzen Elektronik und Sensorik, die heutzutage mit dieser Technik eingesetzt wird. Außerdem sind Turbolader an sich recht empfindliche Bauteile, bei denen man wissen muss, wie man sie zu fahren hat, um Verschleiß zu vermeiden. Bei manchen mehrfach aufgeladenen Fahrzeugen existiert auch das Problem, dass man bei einer Reparatur nicht nur einen Turbolader neu machen kann, sondern aufgrund der Einstellungen und der Geometrie den Zweiten gleich mit. Es gibt auch immer wieder Schrauber und Autofreaks die behaupten, ein Turbolader wäre ein grundsätzliches Verschleißteil, wie eine Kupplung oder Bremsscheiben. Ich bin da anderer Meinung. Wenn der Turbolader kein Billigteil ist, richtig konstruiert und hochwertig gebaut wurde, was in der Regel der Fall sein sollte, muss man lediglich wissen, wie man einen Turbomotor richtig zu fahren hat, damit der Verschleiß eines Laders nahezu Null ist.

1. Nach dem Start des Motors eine ganz kurze Wartezeit einlegen, bevor man losfährt. Ich spreche hier nicht von 20 Minuten, sondern lediglich von wenigen Sekunden, in denen sich das Motoröl überall verteilen und entsprechend auch den Turbolader erreichen soll, damit dieser geschmiert wird, bevor er mitarbeitet. Denn im Leerlauf kommen die meisten

Turbolader gar nicht zum Einsatz. Mit Öl werden sie aber dennoch versorgt, wenn der Motor läuft.

2. Den Motor erst über 3000 Umdrehungen drehen und Vollgas geben, wenn er richtig warm ist. Sportliche Fahrzeuge haben oft eine Öltemperaturanzeige. Nicht unbedingt eine Analoge mit Zeiger, sondern zum Beispiel auch im Bordcomputer oder im Fahrerinformationssystem zwischen Tacho und Drehzahlanzeige. Die Öltemperatur ist entscheidend! Nicht die Kühlwassertemperatur. Habt ihr allerdings keine Anzeige für die Öltemperatur, dann richtet euch nach der Kühlwassertemperatur. Bei 90°C ist die ideale Temperatur erreicht. Meistens hat dann das Öl dann parallel ca. 70°C erreicht und ist dann auch größtenteils für die volle Belastung einsatzbereit. Allerdings ist das eher eine Faustformel und keine feste Regel. Vor allem im Winter können, durch die niedrige Außentemperatur bedingt, erhebliche Abweichungen zwischen Öl- und Kühlwassertemperatur entstehen.

3. Wenn der Motor richtig geprügelt wurde und ihr öfter mal Vollgas gegeben oder einige Beschleunigungsorgien durchgeführt habt, dann fahrt ihn erst kalt. Das heißt, dass ihr auf den letzten zwei bis drei Kilometern keine übermäßige Beanspruchung mehr von eurem Gefährt verlangt, sondern ganz normal und besonnen fahrt. Dabei wird das Öl auch wieder ein bisschen heruntergekühlt und der Turbolader erreicht keine Höchstdrehzahlen mehr. Seid ihr dann am Ziel angekommen, lasst ihn noch ein wenig nachlaufen. Eine halbe Minute dürfte in der Regel ausreichen. Dies empfiehlt sich eigentlich auch nach jeder normalen Fahrt. Das dient dazu, dass der vielleicht noch nachdrehende Turbolader weiterhin vom Motor geschmiert werden kann. Stellt ihr bei Ankunft einfach den Motor ab und der Turbolader dreht noch aus, weil seine vorherige Drehzahl möglicherweise recht hoch war, wird er nicht mehr geschmiert. Hier tritt in der Regel auch der höchste Verschleiß bei den meisten Turbos auf, da viele Menschen diese kleine, aber goldene Regel nicht beachten.

Turbolader können bis zu 300.000 Umdrehungen pro Minute erreichen. Das ist wahnsinnig viel. Zum Vergleich: Ein normaler Benziner macht durchschnittlich maximal 6.000 Umdrehungen pro Minute. Ein normaler Diesel macht 4.000 U/min. Moderne Benziner, die ausschließlich in Sportwagen zum Einsatz kommen, drehen auch schon mal bis 9.000 Umdrehungen. Die Motoren in der Formel 1 erreichten Mitte der 2000er Jahre sogar Motordrehzahlen von bis zu 19.000 U/min. Mittlerweile ist ihre Drehzahl auf 15.000 Umdrehungen begrenzt. Ein Turbolader macht im Gegensatz dazu utopisch hohe Drehzahlen. Da ist es auch verständlich, dass die Turbine nicht von jetzt auf gleich wieder zum Stillstand kommt, sondern erst mal ausdrehen muss. Dies kann eine ganze Weile dauern, da sie sich mit sehr wenig Widerstand dreht und entsprechend nur schwach gebremst wird. Während dieser Zeit muss der Turbolader noch geschmiert werden. Wenn der Motor einfach abgestellt wird, ist dies aber nicht mehr der Fall.

Eine besondere und oft verwendete Variante des Abgasturbolader ist die „VTG“ (**V**ariable **T**urbinen**g**eometrie). Hierbei können die Schaufelräder der Turbine verstellt werden.

Eine ebenfalls immer öfter zum Einsatz kommende Variante ist der Twin-Scroll-Turbolader. Besonders häufig bei BMW und Subaru im Einsatz, kommt er aber auch vereinzelt bei Ford, Alfa Romeo, Opel und anderen Autoherstellern vor. Bei dieser Variante des Turboladers ist der Abgaskrümmer, welcher dem Turbolader den benötigten Antriebsdruck zuführt, in zwei oder mehrere Kanäle gesplittet. Dies dient einem besseren Ansprechverhalten des Turboladers und somit des gesamten Motors. Der Twin-Scroll-Turbolader bei BMW unter dem Marktnamen „TwinPower Turbo“ darf nicht mit dem „Twin-Turbo“ verwechselt werden, bei welchem zwei gleichgeschaltete Turbolader zum Einsatz kommen. Diese Form der Aufladung wird wiederum auch oft mit dem bekannteren Biturbo gleichgesetzt, was ebenfalls nicht korrekt ist. Während Twin-Turbolader parallel laufen, kommt beim Biturbo ein sequentieller Einsatz zustande. Im unteren Drehzahl- und Teillastbereich läuft ein kleinerer Turbolader mit, welcher aufgrund des niedrigeren Trägheitsmomentes ein besseres Ansprechverhalten besitzt. Wird mehr Leistung benötigt, wird ein zweiter, größerer Turbolader hinzugeschaltet. Auch die Geometrie der Turbinen unterscheidet sich meistens. Mittlerweile vermischen sich allerdings die Bezeichnungen Biturbo und Twin-Turbo, aufgrund der von den Automobilherstellern unterschiedlichen und leicht zu verwechselnden Namen und unterschiedlichen Systemen, die einander nicht immer korrekt zugeordnet werden.

Mein Favorit ist der klassische „Singleturbo“. Je nach Größe des Laders hat er erst ein großes „Turboloch“ zu überwinden und legt anschließend mit voller Wucht los. Dieser klassische „Turbo-Punch“ ist bei Turbofans äußerst beliebt und wird von Dieselfahrern gerne fälschlicherweise ausschließlich auf das Dieseldrehmoment zurückgeführt. Die Automobilhersteller versuchen das Turboloch durch Twin-Scroll-Turbolader und Biturboaufladung auszumerzen und dadurch den Motor leichtfüßiger und effizienter zu machen. Ein wahrer Turbofan jedoch, weiß das Turboloch eindeutig zu schätzen, denn ohne diesen Effekt fühlt sich der anschließende Turbo-Punch nur halb so brachial und aufregend an. Es gibt viele besondere, beliebte und berüchtigte turboaufgeladene Motoren. Aber die Berühmtesten sind vermutlich die Fünfzylinderturbomotoren von Audi, welche erstmals in der ehemaligen Rallye-Ikone Audi Quattro (200 PS – 306 PS), Anfang der 80er Jahre zum Einsatz kamen. Das eigentliche Rallye-Fahrzeug leistete sogar 530 PS. Später in den 90ern leistete dann ein weiterentwickelter Fünfzylinder im Audi RS2 (2.2 R5T) bis zu 315 PS. Nachfolger des RS2 wurde der Audi RS4 B5, welcher einen modifizierten 2.7-V6-Biturbo bekam. Dieser wurde zuvor aus dem Audi S4 B5 entnommen, wo er zunächst 265 PS und 400 Nm leistete. Nach dem Aufpeppeln entwickelte er eine stolze Leistung von 380 PS. Der Motor hatte eine großartige Performance. Auch heute macht er noch neueren RS4-Modellen und anderen Konkurrenten in dieser Klasse die Beschleunigungswerte streitig. Als dieses Fahrzeug aktuell war, hatte keiner seiner Gegenspieler am Markt eine Chance gegen ihn. Seine typischen Dauergegner, der C63 AMG von Mercedes-Benz und der BMW M3 konnten ihm seiner Zeit nicht das Wasser reichen. All diese altertümlichen Turbomotoren von Audi sind in der Szene äußerst angesehen und auch heute noch beliebter als je zuvor.

Aktuell werden in Sachen Downsizing und Turboaufladung immer wieder neue Maßstäbe von der Automobilindustrie gesetzt. Ein hochgezüchteter Turbomotor jagt den Nächsten. Auf der folgenden Seite findet ihr eine Tabelle mit den aktuell leistungsstärksten Motoren nach Zylinderanzahl geordnet. Da sich die leistungsstärksten Ein- und Zweizylindermotoren in Motorrädern wiederfinden, habe ich auf diese verzichtet. Es gibt zwar beispielsweise im Fiat 500 oder im Alfa Romeo Mito tatsächlich auch schon Zweizylinder-V-Motoren mit gerade mal 900 Kubikzentimeter Hubraum, aber diese Fallen hier nicht in unser Gebiet, denn die leistungsstärksten Ein- und Zweizylindermotoren sind definitiv noch in Motorrädern verbaut und nicht in Personenkraftwagen. Auf Hybridfahrzeuge habe ich bewusst verzichtet, da es sich bei ihnen nicht um einen reinen Verbrennungsmotorantrieb handelt. Ein Hybridfahrzeug besteht immer aus mindestens zwei oder mehreren Aggregaten. Dazu findet ihr Kapitel „Elektrofahrzeuge“ mehr.

Stärkste Serienmotoren

Motor	Leistung	Drehmoment	0-100	Vmax
Dreizylinder **Ford Fiesta ST Mk8**				
1.5 T	200 PS	290 Nm	6,5 s	232 Km/h
Vierzylinder **Mercedes-Benz A45 AMG S W177**				
2.0 T	421 PS	500 Nm	3,9 s	>270 Km/h
Fünfzylinder **Audi TT RS 8S**				
2.5 T	400 PS	480 Nm	3,7 s	>280 Km/h
Sechszylinder **Porsche 911 991.2 GT2 RS**				
3.8 TT	700 PS	750 Nm	2,8 s	340 Km/h
Achtzylinder **Koenigsegg One:1**				

5.1 TT	1.360 PS	1.371 Nm	2,8 s	>440 Km/h
Zehnzylinder **Dodge Viper SRT10**				
8.4	649 PS	840 Nm	3,9 s	330 Km/h
Zwölfzylinder **Ferrari Monza SP**				
6.5	810 PS	710 Nm	2,9 s	>300 Km/h
Sechzehnzylinder **Bugatti Chiron**				
8.0 TTTT	1.500 PS	1.600 Nm	2,4 s	~463 Km/h

Interessant ist, dass der stärkste Serienvierzylinder der Welt so hochgezüchtet ist, dass er bereits mehr Drehmoment und mehr Leistung entwickelt, als der stärkste Serienfünfzylinder. Dennoch ist der Fünfzylinder aufgrund seiner unglaublich guten Performance schneller. Bei der Beschleunigung, als auch bei der Endgeschwindigkeit. Auch wenn bei beiden Fahrzeugen die Geschwindigkeitsbegrenzung entfernt wird. In diesem Fall fahren beide Fahrzeuge über 300 Km/h. Schön zu sehen ist auch, dass die stärksten Zehn- und Zwölfzylindermotoren reine Saugmotoren sind und auf Aufladung gänzlich verzichten dürfen. Eigentlich würde der Platz des weltstärksten Serienzwölfzylinder dem Brabus Rocket 900 (6.2 V12TT, 900 PS und 1.200 Nm) gehören. Da Brabus allerdings keine eigenen Fahrzeuge herstellt, sondern nur getunte Modifikationen auf Basis von Mercedes-Benz-Modellen als eigene Fahrzeuge vermarktet, fällt der Rocket 900 raus. Noch stärker als der V10 und der V12 ist der weltstärkste Achtzylinder. Mit seiner Biturboaufladung ist er ihnen weit überlegen. Um genau zu sein, ist er sogar dem vierfach turboaufgeladenen W16-Motor des Bugatti Chiron überlegen. Zwar nicht in Sachen Leistung und Drehmoment und auch nicht bei irgendwelchen anderen Angaben und technischen Daten, denn hier führt der Chiron sämtliche Superlativen an. Aber in Sachen Beschleunigung hat der Koenigsegg mit dem V8 die Nase vorn. Der Chiron musste bereits eine dezente Niederlage gegen schwächer motorisierte Fahrzeuge der Firma Koenigsegg, einstecken. Zuletzt gegen den Agera RS (5.1 V8TT, 1.175 PS), welcher bei fairen Beschleunigungsrennen ab etwa 250 Km/h am Chiron vorbeizieht. Doch mögen diese Fahrzeuge auch noch so sehr hochgezüchtet sein, in einem haben die Fans der hubraumstarken Saugmotoren Recht! Hubraum ist durch nichts zu ersetzen. Und zwar insofern, dass er immer die Grundlage für jeden Turbolader und jeden Kompressor bildet. Und möge der Turbolader noch so groß sein und der Motor noch so gut getunt, die Grenzen der Leistungsausbeute sind letztendlich immer vom vorhandenen Hubraum abhängig. Und je mehr man von dieser Grundlage hat, desto einfacher und auch höher ist im Endeffekt logischerweise die Leistungsaubeute.

Kompaktsportler Höchstmotorisierungen

Kompakt-sportler	Motor	Leistung	Drehmoment	0-100	Vmax
Audi RS3 8V	2.5 R5T	400 PS	480 Nm	4,1 s	280 Km/h
BMW M140i F20	3.0 R6T	340 PS	500 Nm	4,4 s	250 Km/h
Ford Focus RS Mk3	2.3 R4T	350 PS	470 Nm	4,7 s	268 Km/h
Mercedes-Benz A45 AMG S W177	2.0 R4T	421 PS	500 Nm	3,9 s	270 Km/h

Kompaktsportler Sportklasse

Kompakt-sportler	Motor	Leis-tung	Dreh-moment	0-100	Vmax
Audi S3 8V	2.0 R4T	310 PS	400 Nm	4,5 s	250 Km/h
BMW M135i F20	3.0 R6T	326 PS	450 Nm	4,7 s	250 Km/h
Ford Focus ST Mk4	2.3 R4T	280 PS	420 Nm	5,7 s	250 Km/h
Honda Civic Mk10 Type-R	2.0 R4T	320 PS	400 Nm	5,7 s	272 Km/h
Hyundai i30 PD N Performance	2.0 R4T	275 PS	353 Nm	6,1 s	250 Km/h
Opel Astra J OPC	2.0 R4T	280 PS	400 Nm	6.0 s	250 Km/h
Peugeot 308 GTi	1.6 R4T	272 PS	330 Nm	6.0 s	250 Km/h
Renault Megane IV R.S. Trophy-R	1.8 R4T	300 PS	400 Nm	5,4 s	262 Km/h
Seat Leon III Cupra R	2.0 R4T	310 PS	380 Nm	5,8 s	250 Km/h
VW Golf VII R	2.0 R4T	310 PS	400 Nm	4,6 s	250 Km/h

Natürlich werden Turbolader nicht nur von den Automobilherstellern eingesetzt. Denn auch in Sachen Tuning und Rennsport bieten sie die höchste Leistungsausbeute. Die wohl effizienteste Form seine "Karre aufzumotzen" ist das Turbotuning. Es werden ein oder manchmal auch zwei Abgasturbolader verbaut, wodurch der Motor einen großen Zuwachs an Leistung, Drehmoment und Performance erhält. Wenn man tuningtechnisch alle Register ziehen möchte und bei den ganz Großen mitmischen will, kommt man um einen Turbolader nicht herum. Oftmals werden hierfür auch Fahrzeuge ausgewählt, die bereits ab Werk turboaufgeladen sind und über einige Reserven verfügen. Sie eignen sich in der Regel grundsätzlich auch für erneutes Turbotuning. Bekannte Beispiele dafür sind unter anderem der Audi S4 und RS4 B5, der Nissan GT-R R35, die Toyota Supra oder einige Generationen des Porsche 911 Turbo. Diese Fahrzeuge sind äußerst tuningfreundich und in der Superlative der Tuner sehr beliebt. Immer wieder werden sie auf 1.000 PS und mehr gebracht. Aber auch andere turboaufgeladene Fahrzeuge eignen sich sehr gut für Tuning und besitzen in der Regel immer hohe Leistungsreserven. Allerdings sind auch die Kosten bei dieser Form des Tuning am Höchsten. Für einen einfachen Turboumbau ohne sein Fahrzeug auf Hypercar-Niveau zu bringen, sind 10.000€ Umbaukosten absolut keine Seltenheit. Meist auch mehr, je nach Leistungsausbeute. Wenn das Ganze eine etablierte Tuningschmiede übernimmt, beläuft sich der Betrag auch gerne mal auf das fünf- oder zehnfache der zuvor genannten Summe. Fakt ist allerdings, dass man trotz der hohen Kosten beim Turbotuning die meiste Leistung für sein Geld bekommt. Auch im Verhältnis zum Saugertuning. Da sich bei Motoren mit Abgasturboladern deutlich mehr Hitze im Motor entwickelt, müssen bei einem Umbau immer entsprechende Kühlmaßnahmen getroffen werden. Dies gilt manchmal auch für Motoren, die ab Werk einen Turbolader haben und schon intensivere und komplexere Kühlkreisläufe besitzen, als beispielsweise Saugmotoren. Neben dem Turbolader an sich, hat man noch viele sekundäre Möglichkeiten die Leistung des Motors zu entfalten. Wichtig ist, dass von einem seriösen Tuner am Ende alle neuen Hardwarekomponenten mit einer Softwareoptimierung aufeinander abgestimmt werden und das Motorsteuergerät weiß, dass es nun andere Grenzen besitzt. Mit diesem wichtigen letzten Schritt sollte jede Tuningmaßnahme enden, bei der Hardwareteile am Motor verändert wurden. Denn, wie bereits beschrieben, erst wenn das Steuergerät weiß, dass es neue Motorteile und somit neue Belastungsgrenzen gibt, kann es diese Teile miteinander harmonieren lassen und somit auch das Maximum an Leistung herausholen. Beim Tuning von turboaufgeladenen Motoren ist der Effekt auch immer größer, als bei Saugern. Ob man nun ein neues Ansaugsystem verbaut oder zum Beispiel an der Abgasanlage die Vorkatalysatoren entfernt hat, um weniger Staudruck zu gewährleisten, der Leistungszuwachs ist beim turboaufgeladenen Motor grundsätzlich größer. Dies ist vor allem bei Softwareoptimierungen der Fall.

Kompressoren

Eine mögliche Form einen Motor aufzuladen oder aber einen Saugmotor im Serienzustand durch Aufladung zu tunen, ist neben dem präsenten Abgasturbolader, der Kompressor. Es gibt große längliche Kompressoren die bei ebenfalls großen V-Motoren verbaut werden und dann wiederum kleine turbinenähnliche Kompressoren, die meist bei kleineren Reihenmotoren zum Einsatz kommen. Zu ihnen zählen auch die berühmten G-Lader von VW, die entgegen dem Irrglauben vieler Leute keine Turbolader waren, sondern Kompressoren. Aufgrund ihres schneckenhausartigen Aussehens wurden sie G-Lader genannt, waren aber vom Konzept her ganz normale Kompressoren, die über den Motor angetrieben wurden. Hierbei ergibt sich auch der Unterschied vom Kompressor zum Turbolader. Das Prinzip der

Aufladung ist zwar recht ähnlich. Luft wird durch eine Turbine in das Ansaugsystem des Motors gedrückt und dort verdichtet. Die Kraftstoffmenge wird entsprechend angepasst und mehr Leistung wird generiert. Der Unterschied ist allerdings, dass der Kompressor nicht vom Abgasdruck angetrieben wird, sondern vom Motorlauf selbst, über einen zusätzlichen Riemen, ähnlich wie zum Beispiel auch die Lichtmaschine, der Klimakompressor oder die Wasserpumpe. Auch hier macht man wieder gewissermaßen als erstes einen Rückschritt, denn der Motor muss sich mehr anstrengen um den Riemen und die Turbine anzutreiben und die angesaugte Luft unter Druck zu verdichten. Durch dieses neue, vom Motor angetriebene Aggregat, geht vorerst Leistung verloren. Ähnlich wie wenn sich bei Betätigung der Klimaanlage der Klimakompressor über eine Magnetkupplung zuschaltet und dann über den Keilriemen vom Motor mit angetrieben wird. Hierbei lässt sich zum Beispiel im Leerlauf auch ein kurzes Ruckeln oder Abfallen der Drehzahl beobachten. Manchmal auch ein Ansteigen der Drehzahl in Verbindung mit einem leicht unruhigerem Leerlauf, da der Motor dann mit größeren Zündungen den Leistungsverlust ausgleicht. Dadurch kann man vernehmen, dass der Motor sich nun mehr anstrengen muss und ein weiteres Aggregat antreibt. So verliert der Motor auch Leistung durch das Antreiben des Kompressors. Aber natürlich wird das um Längen wieder wett gemacht. Denn der Kompressor bewirkt durch seine Aufladung natürlich eine Mehrleistung. In der Regel stuft man, sekundäre Aspekte mal außer Acht gelassen, das Kompressortuning als haltbarer und kultivierter ein, als das Turbotuning. Da der Kompressor über die Motordrehzahl mitläuft, ist er auch immer unweigerlich davon abhängig und die damit zusätzlich erzeugte Leistung immer begrenzt. Durchschnittlich ist ein zusätzliches Drittel der ursprünglichen Motorleistung durch Kompressoraufladung schon recht viel. Bei Turboaufladung hingegen sind bei Tuningprojekten Steigerungen der Leistung um mehrere hundert Prozent keine Seltenheit. Zum Beispiel generiert ein Golf V R32 (3.2 VR6, 250 PS) mit einem Biturboumbau der Firma HGP über 700 PS. Die ursprüngliche Leistung wurde also auf knapp 300% angehoben. Mit normalen Kompressorumbauten ist dies nicht möglich. Um beim R32 zu bleiben: Dieser erreicht mit den aktuell von Tuningfirmen angebotenen Kompressorkits maximal 450 PS. Mit den richtigen Turboumbauten wäre er allerdings auch problemlos auf 1000 PS und mehr zu bekommen, wie man es oft bei Nissans Flaggschiff, dem GT-R, sieht. Dieser besitzt ebenfalls einen hubraumstarken Sechszylinder.

Kompressoraufladung wurde bei normalen Straßenfahrzeugen vor allem gerne von Mercedes-Benz eingesetzt. Bevorzugt bei Vier- und Achtzylindermodellen, während die Sechszylinder und die Zwölfzylinder meist ohne Aufladung blieben. Anders als bei Audi, wo ein V6-Motor im S4 B8, im S5 8T und in weiteren Modellen eingesetzt wurde und einen Kompressor besaß mit dem er 333 PS und 440 Nm generierte. Dieses Aggregat war übrigens auch für seine positive Streuung bekannt. Allerdings stand an den Autos V6T, was die Bezeichnung für eine Turboaufladung angibt, obwohl es sich nicht um eine solche handelte. Der Konzern war der Ansicht, den V6 als turboaufgeladen zu kennzeichnen, da sich der Kunde damit besser identifizieren könne. Ähnliches gab es auch schon bei den VR-Motoren im VAG-Konzern. Egal ob sie in einem VW, Audi, Škoda, Porsche oder Seat zum Einsatz kamen, statt VR6 wurden sie immer als V6 betitelt. So auch die VR5-Motoren. Diese wurden als V5-Motoren bezeichnet. Der Grund war der Gleiche.

Wenn man mal von den US-Amerikanischen Pony- und Muscle-Cars absieht, sind im sportlichen Segment nur zwei Marken bekannt, die ihre Fahrzeuge bevorzugt mit Kompressoren aufladen. Und ausgerechnet beide kommen aus Skandinavien und bauen extrem schnelle und seltene Hypercars.

1. Die Schwedische Hypercar-Schmiede Koenigsegg. Sie duelliert sich mit ihren High-Performance-Modellen regelmäßig mit der Französischen Marke Bugatti und der US-Amerikanischen Tuning-Marke Hennessey, um den Platz des schnellsten Seriensportwagenherstellers der Welt.

2. Der Dänische Sportwagenhersteller Zenvo, dessen Fahrzeuge ähnlich schnell und stark motorisiert sind, wie die bereits zuvor genannten Marken. Auch sie befinden sich im Hypercar-Bereich.

Nachfolgend findet ihr eine Übersicht über die Schwedischen und Dänischen Supersportler, die jeweils mit Kompressoren aufgeladen sind. Ausschließlich der Koenigsegg CC verfügt in mehreren Variationen und Kombinationen über Kompressor- und Turboaufladung. Anbei findet ihr auch noch US-Amerikanische Pony-Cars und Supersportwagen, welche in der Höchstmotorisierung ebenfalls mit einem großen Kompressor ausgestattet sind. Die Autos in der nachfolgenden Liste sind die stärksten kompressoraufgeladenen Serienfahrzeuge der Welt.

Kompressor-Hypercars

Fahrzeug	Aufladung	Leistung	Drehmoment	0-100	Vmax
Koenigsegg CCXR 4.8 V8	Bi-Kompressor	1.018 PS	1.060 Nm	3,1 s	>400 Km/h
Zenvo ST1 6.8 V8	Turbolader + Kompressor	1.104 PS	1.430 Nm	3,0 s	>375 Km/h
Zenvo TS1 5.8 V8	Bi-Kompressor	1.119 PS	1.139 Nm	3,0 s	>375 Km/h
Dodge Challenger SRT Demon 6.2 V8	Kompressor	852 PS	1.044 Nm		
Chevrolet Corvette C7 ZR1 6.2 V8	Kompressor	765 PS	969 Nm	3,0 s	342 Km/h
Chevrolet Camaro ZL1 6.2 V8	Kompressor	659 PS	881 Nm	3,6 s	318 Km/h

Wie man unschwer erkennen kann, ist die Performance der Skandinavier großartig. Ihr Gebiet ist zweifelsfrei die Königsdisziplin. Sie spielen in der Superlative ganz vorne mit. Da können die "Amis" nicht wirklich mithalten. Aber ein Muscle- oder Pony-Car spielt sowieso in einer anderen Liga, als ein Europäisches Hypercar. Diese Fahrzeuge wurden hier lediglich zusammen aufgelistet, da sie allesamt zu den Königen der Kompressormotoren zählen.

Performance

Manch einer schwört auf eine extrem kurze Getriebeübersetzung. Sie kommen zum Beispiel bei extremen Rennsportfahrzeugen zum Einsatz. Beispielsweise in der World Rallye Championship. Die Fahrzeuge dort haben zwar über 350 PS, schaffen aber aufgrund ihrer wahnsinnig kleinen Getriebeübersetzung gerade mal 250 Km/h. Ein aktueller VW Golf GTI mit 230 PS schafft das ebenfalls. Je kleiner die Getriebeübersetzung, desto besser ist dafür aber die Beschleunigung. Andere wiederum schwören darauf, so wenig Gewicht wie möglich an Bord zu haben. Auch diese Maßnahme ist korrekt, um eine gute Beschleunigung zu erlangen. Die Premiumautomobilhersteller konzentrieren sich bereits seit einigen Jahren darauf, das durch immer mehr Elektronik und Ausstattung wachsende Gewicht, in Zaum zu halten und bei den Sportversionen und Höchstmotorisierungen abzuspecken. Dies machen sie indem Materialien wie Titan, Magnesium und vor allem Carbon verwendet werden. Dies sind wichtige Aspekte für die Beschleunigung. Doch sie sind nur sekundär. Denn primär ist nicht das Gewicht, nicht die Getriebeübersetzung und auch nicht zwingend die Leistung und das Drehmoment. Am Wichtigsten ist die Performance eines Motors. Diese ist neben dem Design des Fahrzeuges und dem Charakter des Motors, auch für mich persönlich, die absolut wichtigste Voraussetzung für ein sportliches Fahrzeug. Wenn ein Auto nicht so funktioniert, wie es eigentlich könnte oder laut Papier (Werksangabe) müsste, ist es für mich schon eher ein enttäuschender Vertreter seiner Klasse und damit aussortiert. Wie kann es zum Beispiel sein, dass ein Golf R bereits im Serienzustand schneller ist, als ein Ford Mustang mit 421 PS? Wo doch der Golf noch nicht mal ein sportliches Coupé ist und mit seinem Allradantrieb auch ein beachtliches Gewicht auf die Waage bringt. Die Performance eines Fahrzeuges bestimmt, ob es (im Verhältnis) schneller ist als andere oder eben nicht. Egal ob auf der Rennstrecke oder auf der Viertelmeile. Da die Performance und die Abstimmung des Motors für die Beschleunigung des Fahrzeuges entscheidend sind, handelt dieses Kapitel nicht etwa von der Performance im Sinne der Fahrdynamik auf der Rennstrecke, sondern von normalen Höchstmotorisierungen aus dem Straßenverkehr und ihren Beschleunigungswerten. Denn nichts ist aussagekräftiger über die wahre Performance, die der Motor ab Werk leistet. Das Wichtigste für die Performance ist, wie fit der Motor in seinen Hardware- und Softwarekomponenten ab Werk abgestimmt wird. Dies hat sich in früheren Zeiten vor allem bei sportlichen Saugmotoren bemerkbar gemacht. Hierfür ist vor allem BMW immer ein gutes Beispiel, denn die Saugmotoren der älteren M-Modelle wurden ab Werk absolut großartig getunt und umgangssprachlich ausgedrückt: Richtig scharf gemacht. In Sachen Sportlichkeit und Aggressivität bei Saugmotoren, konnte BMW seiner Zeit niemand das Wasser reichen. Die M-Motoren fanden sich auch in den Fahrzeugen der Marke Wiesmann wieder. Mercedes-Benz setzte mit seinen AMG-Modellen auf Kultur und viel Hubraum. Audi mit den RS-Modellen hingegen auf Drehzahl oder modernste Turbotechnik. Charakter hatten sie alle. So viel sei gesagt. Aber da die BMW-Motoren in den M-Modellen ab Werk durch das hauseigene Tuning der M-GmbH extrem bissig gemacht wurden, hatten sie auch die beste Performance. Ein E92 M3 wird beispielsweise seinem ewigen Konkurrenten den RS4 B7, der ebenfalls mit einem V8-Hochdrehzahlmotor mit 420 PS gesegnet ist, immer und in jeder Lebenslage davonfahren. Natürlich nur sofern man davon ausgehen darf, dass beide Fahrzeuge nicht getunt und im Besitz ihrer vollen Kräfte und Funktionen sind. Der E92-M3-Motor ist sogar minimal schneller als ein Audi R8 der ersten Generation, welchem man ebenfalls den RS4-Motor verpasst hat. Wobei an ihm sogar noch ein paar kleine sportlichere Veränderungen vorgenommen wurden. Zum Beispiel hat er nicht mehr eine große, zentrale Drosselklappe wie im RS4, sondern zwei kleine, für jede Zylinderbank eine. Wenn man bedenkt, dass ein M3 schneller als ein R8 sein kann, ist dies schon eine echt Hausnummer. Übrigens war auch der TT RS bereits schneller als der R8 mit dem V8. Aber bleiben wir vorerst bei BMW: Der E39 M5 war mit einem 5.0 V8 ausgestattet. Das Auto war schwer und nicht sehr windschnittig. Und der Motor war träge und kein Beschleunigungswunder, obwohl er laut Werksangabe 400 PS generierte. Jedoch bekam er nicht das übliche Tuning wie seine Vorgängermodelle, welche noch mit spritzigen Sechszylindermotoren ausgestattet waren. Der E34 M5 mit seinem 3.6 Liter Reihensechszylinder leistete 315 PS und später aus 3.8 Litern 340 PS. In BMW-Fan-Kreisen heißt es sogar, dass der 3.6-Liter-Motor der Standhaftere und Spritzigere gewesen sei. Der E28 M5 besaß einen gleichen Motor, allerdings mit lediglich 286 PS. Die drei Sechszylinder in den beiden Vorgängern des E39 M5 waren unter anderem ab Werk mit scharfen Nockenwellen, Einzeldrosselklappen und elektronisch gesteuerter Saugrohreinspritzung ausgestattet. Beim E39 M5 setzte man hingegen zwar auch auf Sportlichkeit, schließlich handelte es sich um ein M-Modell, aber der Fokus lag aus unternehmenspolitischer Sicht eher auf Komfort, Laufkultur und luxuriösem Drehmoment. Daher auch das bis dato ungewöhnlich hohe Motorvolumen, ähnlich wie bei Mercedes-AMG, deren Motoren sogar noch größer waren. Ganz anders war es zum Beispiel beim E46 M3 (3.2 R6, 343 PS). Ich kenne kaum ein Fahrzeug dessen Saugmotor ab Werk heißer getunt wurde als dieser. Selbst vor Ansaugsystemen aus Carbon wurde nicht haltgemacht. Die Rede ist von der berühmten Carbon-Airbox aus dem M3 CSL (360 PS), welche heutzutage gebraucht auf eBay hoch gehandelt wird und Spitzenpreise erzielt. Der E46 M3 war komplett auf Sportlichkeit und Drehzahl ausgelegt. Aus diesem Grund hat der Motor für seine Verhältnisse nicht nur eine überragende Performance, sondern ist weltweit auch für sein charakteristisches und unverwechselbares Klangbild bekannt. Denn bei diesem Aggregat kommt der Sound größtenteils von vorne aus dem Ansaugsystem und nicht wie bei den meisten anderen Autos hinten aus der Abgasanlage. Jedoch war nicht jeder BMW-Motor ab Werk so fit. Vor allem die Acht- und Zwölfzylinder dienten aus markttechnischer Sicht eher dem komfortablen „Cruisen“ und waren trotz viel Hubraum und Leistung eher lahme Krücken. Ich bin beispielsweise mal bei einem Viertelmeilerennen mit einem VW Golf V R32 (3.2 VR6, 250 PS, 1.650 Kg) gegen einen BMW E63 645i (4.4 V8, 333 PS, 1.710 Kg) mit fliegendem Start bei 50 Km/h gefahren. Es gab also keinen Allradvorteil für mich. Ich hatte auch kein DSG an Bord. Auch wenn es knapp war, der R32 hat dem großen V8, der fast 100 PS mehr hatte, Zentimeter um Zentimeter abgenommen. Schlussendlich hat der R32 mit ca. 2 Wagenlängen Vorsprung gewonnen. Hier macht sich die Performance wieder deutlich bemerkbar. Der Golf mit dem viel kleineren und leistungsärmeren Sechszylinder, welcher ab Werk aber auf Sportlichkeit getrimmt ist und spritzig ausgelegt wurde und dagegen das große Coupé mit dem viel größeren und leistungsstärkerem V8, welcher auf Komfort und Laufkultur ausgelegt ist. Und unterm Strich hat der fast 100 PS schwächere Golf die Nase vorn. Doch zurück zum Warum. Der Golf R32 ist, da er mit seiner Motorisierung das Ende der Nahrungskette des Golf V gebildet hat, auf Sportlichkeit ausgelegt. Er soll schnell sein und eine gute Performance abliefern. Außerdem soll er auch eine andere Käuferschicht ansprechen, als beispielsweise der GTI. Er soll Spaß machen und sich mit seinem viel kultivierterem Sechszylindermotor vom GTI deutlich distanzieren. Der BMW 6er aus unserem Vergleich hingegen, ist ein komfortabeles Luxuscoupé. Sein bollernder, schwerfälliger V8 soll den Fahrer mit einem angenehmen Reisegefühl an sein Ziel befördern. Hierbei darf man natürlich nicht vergessen, dass der 645i im Gegensatz zum R32 noch lange nicht das Ende der Fahnenstange in seiner Baureihe ist. Über ihm steht noch der 650i. Auch dieser ist für seine 367 PS aus 4.8 Liter Hubraum recht träge und langsam. Und schließlich steht als Höchstmotorisierung darüber dann der M6. Wenn man sich stattdessen mit dem M6 beschäftigt, sieht man, dass sein legendärer V10-Motor ähnlich ausgerichtet ist, wie der VR6 des R32. Denn hierbei handelt es sich ebenfalls um die Höchstmotorisierung. Er wurde von der M-GmbH ähnlich getunt wie die E46 und E92 M3. An diesen Beispielen zeigt sich klar und deutlich, dass viele Motoren erheblich weniger Performance liefern, als sie eigentlich könnten. Jetzt denkt sich möglicherweise der ein oder andere, dass das doch nicht so tragisch ist und dass die Motoren doch genug Leistung haben und die Autos trotzdem schnell genug sind. Selbstverständlich. Dem ist auch so. Irgendwo stimmt das sicherlich. Aber mir persönlich geht es hierbei um das verschenkte Potential. Denn wenn ich ein Luxuscoupé einer Deutschen Premiummarke für 60.000€ oder gar mehr fahre, dann will ich mich nicht beim nächstbesten Ampelstart von einem Golf abziehen lassen. Ich muss zugeben, dass es mich natürlich damals amüsiert hat, als ich mit dem R32 den großen V8 geschlagen habe. Wobei ich den Ausgang dieses Rennens auch so erwartet habe. Und noch lustiger wurde es, als ich hinterher sah, wie sehr sich der Fahrer des 645i geärgert hatte. Er hätte sich am liebsten in den Allerwertesten gebissen. Er war richtig beleidigt und würdigte mich nach dem Rennen keines Blickes mehr. Das wiederum fand ich dann nicht mehr amüsant. Ein recht unsportliches Verhalten, welches ich nicht gerade bevorzuge.

Nehmen wir als Beispiel einer anderen Premiummarke den Audi TT RS 8J (340 PS). Bei ihm kam erstmals nach langer Zeit wieder einer von Audis legendären Fünfzylindermotoren zum Einsatz. Entgegen dem Aberglauben, der oft von Ford- und Volvo-Fans in der Autoszene verbreitet wird, kommt dieser Motor nicht von Volvo. Der Fünfzylinderturbo im Ford Focus RS der zweiten Generation (305 PS) hingegen schon. Der Motor im TT RS jedoch, stammt allerdings aus dem eigenen Mutterkonzern und wurde aus dem Amerikanischen VW Jetta entnommen. Bei dem TT RS handelt es sich um die Höchstmotorisierung von Audis kleinerem Sportcoupé. Das große Sportcoupé im Supersportwagensegment, ist der Audi R8. Laut Werksangabe schafft der TT den Sprint von 0-100 Km/h in 4,3 Sekunden und wer das Fahrzeug kennt, weiß dass er das auch spielend packt und weder unter Leistungsverlust, noch unter Schwächeleien leidet. 4,3 Sekunden sind für 340 PS irrsinnig schnell. Mehr Performance in einem Straßenfahrzeug geht fast nicht mehr. Zumindest im Verhältnis. Zum Vergleich: Ein Nissan 370Z Nismo (V6, 344 PS) ist mit 5,2 Sekunden angegeben und schafft diese leider noch nicht mal. Ein Audi S5 8T (V8, 354 PS) ist mit 5,4 Sekunden angegeben und schafft diese ebenfalls nicht. Liebe S5-V8-Fahrer und liebe 370Z-Fahrer, ich möchte euch wirklich nicht auf den Schlips treten. Ich mag die Autos wirklich sehr. Ich war auch schon selbst drauf und dran diese Autos für mich zu erwerben. Vor allem der S5 hatte es mir mal angetan. Und für den

Nissan wiederum hatte ich mir schon umfangreiche Tuningpläne ausgemalt. Von Optik bis Performance. Aber es ist bekannt, dass die Motoren keine Performance-Wunder sind und auch leider nach unten streuen, also in der Regel weniger Leistung bringen, als sie eigentlich laut Werksangabe müssten. Und wer sich mit diesen Fahrzeugen mal beschäftigt hat, weiß das auch. Vor allem die V8-Saugmotoren im sportlichen Segment bei Audi waren davon ganz stark betroffen. Und der im S5 war eher noch eines der kleineren Sorgenkinder. Doch hierzu in einem späteren Abschnitt mehr.

Ein BMW E82 1er M Coupé (R6T, 340 PS) ist mit 4,9 Sekunden angegeben, ebenfalls turboaufgeladen und hat exakt die gleiche Leistung wie der TT. Er hält meistens auch, was er verspricht. Ein Vorteil des Audi TT RS gegenüber den anderen Konkurrenten ist sicher die Turboaufladung und der kleine, aber extrem effiziente, hochgezüchtete Motor. Denn hier gilt: Turboaufgeladene Fahrzeuge sind im direkten Vergleich, also bei gleichem Gewicht, gleicher PS-Leistung usw. in Sachen Beschleunigung immer überlegen. Jetzt werden die BMW-Fahrer aufschreien, dass der Audi ja Allradantrieb hat deswegen einen unfairen Vorteil beim Start besitzt. Glaubt ihr wirklich? Tut nichts zur Sache. Beim stehenden, als auch beim fliegenden Start, zieht der TT RS beide Male so oder so davon. Wir haben es mehrfach selbst getestet. In Sachen Gewicht nehmen sich diese Autos alle ebenfalls nicht viel. Alles moderne, mit Technik und Elektronik vollgestopfte Sportcoupés, die mehr wiegen als einem eigentlich lieb ist. Denn auch der TT RS war für seine Größe nicht gerade der Leichteste, aber dennoch hat er eine so unglaubliche Performance, dass sie im Verhältnis sogar besser als bei einem

Nissan GT-R ist. Das aktuelle Modell des TT RS besitzt ebenfalls einen Fünfzylinder-Turbo. Mittlerweile allerdings mit 400 PS. Seine Werksangabe liegt bei 3,7 Sekunden. Auch wenn es kaum zu glauben ist, er schlägt beim Start tatsächlich den aktuellen Nissan GT-R (V6TT, 570 PS, 2,9s), welcher ebenfalls mit einem Allradantrieb und sogar zwei Turboladern ausgestattet ist. Ihr könnt euch davon selbst überzeugen und massenhaft Videos auf YouTube dazu finden. Hierbei sei erwähnt, dass der Nissan GT-R weltweit bekannt ist, als das Auto schlechthin in Sachen Performance. Gefürchtet von sämtlichen Konkurrenten in seiner Klasse und bekannt als Nürburgring-Rundenrekordaufsteller. Trivialer Fakt am Rande: Sein Spitzname in Japan lautet übrigens „Godzilla". Dies kommt einerseits durch seine Optik und sein aggressives Design, andererseits aber auch durch seine alles vernichtende Performance. Natürlich holt der GT-R dann im weiteren Verlauf des Sprints gegen den TT auf und zieht schlussendlich bei höheren Geschwindigkeiten vorbei, weil sich dann die Mehrleistung selbstverständlich bemerkbar macht. Aber nach diesem Vergleich dürfte klar sein, dass der Audi TT RS mit seinem turboaufgeladenen Fünfzylinder ein absolutes Performance-Monster ist und man für wenig Motor und wenig Leistung unsagbar herausragende Fahrwerte bekommt. Aber selbstverständlich gibt es immer einen der schneller ist. Wenn man jetzt vom Sportwagensegment (TT RS) über das Supersportwagensegment (z.B. R8), zum Segment der Hypercars geht, wo man zum Beispiel einen Porsche 918, einen Ferrari LaFerrari oder einen McLaren P1 findet, ziehen natürlich der TT RS und auch der GT-R in sämtlichen Lebenslagen den Kürzeren. Dennoch sprechen die Fahrwerte des TT RS für sich und überzeugen davon, dass man bei ihm das absolut beste Leistungsfahrwerteverhältnis hat.

Ein noch direkterer und interessanterer Vergleich kann zum Beispiel innerhalb des Volkswagenkonzerns vorgenommen werden. Der Seat Leon Cupra R 265 (2. Generation) besaß einen Vierzylinder-Turbo mit 265 PS und 350 Nm. Diese generiert er aus zwei Litern Hubraum, kombiniert mit einem K04-Turbolader. Das exakt gleiche Aggregat findet sich auch im VW Scirocco R und im Audi S3 8P wieder, für den es auch ursprünglich entwickelt wurde. In allen drei Fahrzeugen leisten die Motoren 265 PS und 350 Nm. Die Motoren haben auch alle die gleiche Bezeichnung, den sogenannten **M**otor**k**enn**b**uchstaben (MKB), an dem man erkennen kann, dass es sich tatsächlich um exakt das gleiche Aggregat handelt. Ab Werk sind der Seat mit einer Beschleunigung von 6,2 Sekunden, der Scirocco mit 5,8 Sekunden und der Audi mit 5,5 Sekunden angegeben, obwohl der S3 mit Abstand das höchste Gewicht hat. Der Scirocco ist ein flaches, designgeprägtes Sportcoupé. Er ist der Aerodynamischste des Trios und wiegt in etwa das Gleiche wie der Seat Leon. Daher müsste er auch der Schnellste sein. Jedoch schafft er nur den zweiten Platz. Auch dies haben wir bereits in der Realität selbst getestet. Der Seat, mit dem gleichen Gewicht, müsste mit minimalem Unterschied hinterherziehen. Jedoch ist er deutlich langsamer als die beiden anderen Fahrzeuge. Der geringere Unterschied ist tatsächlich zwischen dem Audi und dem VW zu finden. Nicht nur laut Werksangabe, sondern auch in der Realität. Der Unterschied zwischen Scirocco R und Audi S3 ist gering, dennoch hat hier der Audi die Nase vorne, obwohl er weit über 100 Kilo mehr an Bord hat und deutlich weniger sportlich von seiner Karosserie her ist. Wir haben dies auch mal mit einem Audi A3 8V, einem VW Scirocco und einem VW Golf VII getestet. Alle drei waren mit exakt dem gleichen Motor ausgestattet. Es handelte sich um einen 1.4 T(F)SI mit 125 PS. Der Scirocco war der leichteste und gleichzeitig wieder der aerodynamischste Kandidat. Der Audi war wieder deutlich schwerer als die beiden Konkurrenten. Folglich müsste der Scirocco die Nase vorne haben, der Golf im mittleren Bereich liegen und der Audi das Schlusslicht bilden. Doch auch hier lag der Audi wie zwar bereits erwartet, aber dennoch überraschend vorne. Die beiden VWs fuhren auf 17-Zoll-Felgen. Der Audi sogar auf breiteren und schwereren 18-Zöllern, wodurch er sogar noch einen weiteren Nachteil in Sachen Beschleunigung hatte. Spätestens hier beginnt man sich zu fragen, wie dies zu Stande kommt und vor allem warum.

Und an diesem Punkt befinden wir uns eigentlich schon nicht mehr bei Autos, sondern bei mühselig studierbarer Betriebswirtschaftslehre. Denn hierbei fließt Firmenpolitik von ganz oben in die Entscheidungen der entwickelnden Ingenieure mit ein. Bei der Performance eines sportlichen Automobils handelt es sich, mal abgesehen von seiner Rennstreckentauglichkeit und seiner Fahrdynamik, unter anderem um das Verhältnis von Motorleistung und Drehmoment zu den Fahrwerten. Oder einfach ausgedrückt: Das Verhältnis zwischen Fahrwerten und Motorleistung. Dafür spielen auch Antriebsart, Gewicht und Aerodynamik eine primäre Rolle. Vor allem letzteres ist ein wichtiger Aspekt. Daher werden heute viele neue Fahrzeuge der Automobilhersteller im Windkanal getestet und optimiert. Viele Menschen glauben gar nicht, wie groß der Luftwiderstand bereits bei ganz alltäglichen Geschwindigkeiten ist. Wenn ihr das nächste Mal eine Autobahnfahrt bevorstehen habt, haltet mal zuvor bei Ortsausgang bei 50 Km/h die Hand aus dem Fenster. Der Widerstand ist spürbar. Wenn ihr auf 100 Km/h beschleunigt habt, tut ihr dies erneut. Der Unterschied ist dann schon recht deutlich zu vernehmen. Wiederholt dies dann auf der Autobahn bei 150 Km/h und 200 Km/h. Die Luft ist bei solchen Geschwindigkeiten zäh und fühlt sich an wie geschlagene Sahne. Danach wird sie eher fest und klobig. Jetzt bekommt man ein Gefühl dafür, wie wichtig die Aerodynamik für die Performance eines Fahrzeugs ist. Der Luftwiderstandswert (Cw-Wert) beeinflusst übrigens auch den Kraftstoffverbrauch. Logisch, denn je größer der Luftwiderstand ist, desto mehr muss sich der Motor anstrengen. Bei niedrigen Geschwindigkeiten in der Stadt, dominiert der Rollwiderstand zwischen Reifen und Straßenbelag. Bei höheren Geschwindigkeiten jedoch dominiert der Luftwiderstand und ist damit der wesentliche Teil des Fahrwiderstandes, den das Auto zu überwinden hat. Je windschnittiger das Auto also ist, desto positiver fallen die Folgen aus. Bessere Beschleunigung, höhere Endgeschwindigkeit und weniger Kraftstoffverbrauch.

Anhand der letzten Beispiele zeigt sich auch, dass Motoren absichtlich ab Werk in Verbindung zwischen Software und Hardware eingeschränkt oder gar komplett kastriert werden. Und dies hat wiederum unternehmenspolitische Gründe. Diese sind wiederum von der Unternehmensphilosophie abhängig und auch primär davon, wie sich das Unternehmen mit seinen Marken in den verschiedenen Segmenten positioniert. Hier geht es ausschließlich um Marketing in seiner reinsten Form. Als Beispiel eignet sich nun wieder bestens der Volkswagen-Konzern, denn dieser besitzt als größter Europäischer Automobilhersteller eine Vielzahl von verschiedensten Automarken. Die in der Autoszene umgangssprachlich genannte VAG (Volkswagen-Aktiengesellschaft) ist weltweiter Spitzenreiter und duelliert sich jedes Jahr aufs Neue mit den Absatzzahlen der US-Amerikanischen Konkurrenz General Motors, sowie dem Japanischen Konzern Toyota, um die ersten drei Plätze der weltweit führenden Automobilherstellern. Die Volkswagen-AG hält als Dachgesellschaft die Fahrzeugmarken Volkswagen, Porsche, Audi, Lamborghini, Bugatti, Bentley, Seat, Škoda, sowie im Zweiradbereich Ducati und im Nutzfahrzeugbereich „Volkswagen Nutzfahrzeuge“, MAN und Scania. Für uns sind jetzt vor allem Audi im sportlichen Premiumsegment, VW im preiswerten Premiumsegment, Seat im preiswerten sportlichen Segment und Škoda im allgemeinen preiswerten Segment, von Interesse. Anhand dieser Marken lässt sich die Unternehmenspolitik und ihre Entscheidungen auf die Performance der Fahrzeuge erklären. Betrachten wir folgende Grafik:

Marktpositionierung

	Luxus	Premium	Sportlich	Preiswert
Luxus	Bentley			
Premium			Porsche	
Sportlich		Audi		Seat
Supersport	Bugatti		Lamborghini	
Preiswert		VW		Škoda
Motorrad			Ducati	

Anhand der Marktpositionierungen der VAG-Marken lässt sich nun vermuten, warum ein S3 trotz gleichem Motor und mehr Gewicht schneller ist, als ein Golf R und sogar ein Scirocco R und diese beiden wiederum schneller sind, als ein Leon Cupra mit ebenfalls dem selbigen Aggregat. Die interne Firmenpolitik sieht vor, dass die sportliche Premiummarke (Audi) schneller und besser sein muss, als die günstigere Premiummarke (VW) und dass die hauseigene Marke schneller und besser sein muss, als die außerhalb des Premiumsegmentes (Seat und Škoda). Gewichts- und Aerodynamikunterschiede spielen hier kaum mehr eine Rolle und werden durch effizientere Motoreneinstellung, meist über Softwareunterschiede, ausgemerzt. Während viele Jugendliche sich auf Deutschen Straßen geradezu schon Kleinkriege liefern, die darum gehen, wer das schnellere Auto hat, kann man anhand der Hersteller und der Motorisierung schon im Voraus sagen, wer das Rennen machen wird. Tatsächlich sind wir heutzutage von vielen Automobilherstellern schon ziemlich verwöhnt was Fahrleistungen und Performance angeht. Gerade bei turboaufgeladenen Autos, zu denen nun mal mittlerweile nahezu auch fast jeder benzinbetriebene Motor gehört. Beim Diesel ist es klar. Denn sein wir mal ehrlich: Ohne Turbolader bekommen die Dieselmotoren rein gar nichts auf die Kette. Der attraktive, moderne Diesel lebt von Turboaufladung noch und nöcher. Der letzte Saugdiesel der bei Volkswagen vom Band lief, also einer der modernsten die es jemals gegeben hat, war ein 2.0 Vierzylinder, der ohne Turboaufladung gerade mal 69 PS erreichte. Auch das beim Diesel so haushoch gelobte Drehmoment ist ohne Turboaufladung eher mau. 140 Nm waren die Angabe laut Hersteller. Kein spürbarer Unterschied zu einem Saugbenziner. Im Gegenteil. Die Werte sind eher schlechter, da es ohne Turbolader auch noch schwer an Leistung mangelt. Aber nicht nur der Diesel lebt heutzutage ausschließlich mit einem Turbolader an seiner Seite. Auch beim Benziner ist er zumindest aus Sicht der Automobilhersteller nicht mehr wegzudenken. Zwingend nötig hat den Turbolader ein ordentlicher Benzinmotor mit halbwegs vernünftiger Drehzahl, einem angemessen Hubraum, moderner Technik und ordentlicher Abstimmung, zwar definitiv nicht, aber die aktuell oft kleinen Turbos machen in Verbindung mit Direkteinspritzung und moderner Softwaresteuerung, die Motoren effizienter und schneller, steigern ihre Performance, generieren mehr Leistung, obwohl sie Hubraum einsparen. Dadurch senken sie die Emissionswerte und den Kraftstoffverbrauch und sparen sogar KFZ-Steuern ein. Wobei hier leider in den letzten Jahren geradezu ein Ausgleich durch die beinahe regelmäßige Anhebung der Steuern stattgefunden hat. Die Saugrohreinspritzung und der sogenannte natürlich beatmete Saugmotor sind am Aussterben, wie der Vergaser ein paar Jahrzehnte zuvor in den Achtzigern. Und durch all diese Revolutionen in der modernen Motorentechnik, allen voran der Turbolader, hat sich die Performance von unseren heutigen Fahrzeugen unheimlich gesteigert. Ein Bespiel: Ein ganz normaler Golf VII TDI mit 2.0-Motor und 150 PS beschleunigt mittlerweile in 8,6 Sekunden auf 100 Km/h. Die 1.4er und 1.5er TSI-Motoren im selbigen Modell, mit ebenfalls 150 PS, sind sogar mit 8,2 und 8,3 Sekunden angegeben. Für diese Leistung ist das geradezu irrsinnig schnell. Mein bereits erwähnter Audi 100 (Baujahr 1992) besaß ebenfalls 150 PS und diese wurden sogar noch von einem Sechszylinder generiert. Aber auf 100 Km/h benötige er knappe 10 Sekunden. Und das war eigentlich schon gar nicht mal so übel. Das mag jetzt für den ein oder anderen gar nicht nach einem so großen Unterschied klingen. Und zugegeben, auf dem Papier ist er auch nicht sehr groß. Aber auf der Straße sind knappe 2 Sekunden Unterschied eine Welt!

Für Performance gibt es übrigens ein paar Regeln und eine Faustformel.

1. Audi baut(e) die besten Turbomotoren!

2. BMW baut(e) die besten Saugmotoren!

3. Ein Auto mit 200 PS besitzt eine relativ gute Performance, wenn es ca. 7 Sekunden auf 100 Km/h schafft. Liegt es mit der gleichen oder sogar weniger Leistung darunter: Super! Das Fahrzeug hat eine überdurchschnittlich gute Performance. Liegt es aber darüber und benötigt länger und das vielleicht auch nicht zu knapp oder sogar mit deutlich mehr

Leistung, lässt die Performance eher zu wünschen übrig. Beispiele für diese Faustformel sind der VW Scirocco III 2.0 TSI, der VW Golf V GTI und der Opel Astra G OPC II. Sie alle besitzen exakt 200 PS und liegen extrem nahe an der Sieben-Sekunden-Marke.

4. Um die 300 Km/h-Marke zu knacken, braucht es durchschnittlich ca. 400 PS. Natürlich variiert dieser Wert noch deutlich stärker, als die Faustformel von Punkt 3. Aber als eben eine solche Faustformel gilt auch dieser Wert. Ca. ±20 Km/h kann man als weitere Ergänzung verwenden. Man kann also sagen, dass Fahrzeuge mit 400 PS oder mehr im schlechtesten Fall noch mindestens 280 Km/h fahren.

Wenn man von aktuellen Verhältnissen ausgeht und mal die drei großen Deutschen Premiummarken Audi, BMW und Mercedes-Benz als Beispiel nimmt, verlieren die ersten zwei Regeln leider an Gültigkeit. Leider sind die großen Hubraummonster von AMG, sowie die Hochdrehzahlsauger von der M-GmbH und der Quattro-GmbH ausgestorben. Alle drei dieser Automobilgiganten beschränken sich mittlerweile gleichermaßen auf 2.0 Liter Turbos, 3.0 Liter Biturbos und 4.0 Liter Biturbos bei ihren Höchstmotorisierungen. Entsprechend haben auch all diese Fahrzeuge nicht nur eine umwerfende Performance, sondern streuen meist auch nach oben, wie man es von einem guten Turbomotor auch erwarten kann. Besonders beeindruckend ist der S55B30 Motor von BMW, welcher im M3 F80 und im M4 F82 (3.0 R6TT, 431 PS) zum Einsatz kommt. Diese Motoren sind bekannt für ihre utopisch positive Streuung. Der Tuner Franz Simon von „Simon Motorsport“ hat bereits einen M3 F80 mit 499 PS und einen M4 F82 mit 500 PS auf seinem Leistungsprüfstand gemessen. Die Fahrzeuge waren komplett unverändert und befanden sich im Serienzustand.

Ich war lange genug in der Auto- und Tuningszene unterwegs um zu wissen, dass jetzt manche Liebhaber anderer Marken empört sind und ganz anderer Meinung sein werden. Vor allem die Ford-Freunde und die Opel-Fans werden mich wahrscheinlich spätestens nach den nachfolgenden Zeilen in die Hölle wünschen. Aber um ehrlich zu sein halte ich nicht viel von Markenhass und von der ewigen Streiterei welche Marke die Beste sei. Viele Menschen verwechseln allerdings Markenhass mit Fakten, um die es hier eher geht. Darüber hinaus sollte jedem selbst überlassen sein, was er gut findet. Das ist genau das gleiche Phänomen wie beim Fußball: Es gibt gute und nicht so gute Vereine und Mannschaften und das lässt sich nun mal nicht bestreiten. Das hat auch nichts mit Affinitäten und Sympathien zu tun, sondern mit Erfolgen und guten Ergebnissen. Ich beschränke mich nicht darauf, welche Marke ich gut oder schlecht finde, sondern arbeite mit Fakten und Werten. Leider schaffen es auch immer wieder altbekannte Autobauer in Sachen Performance absolute Nieten auf den Markt zu bringen, diese aber als sportliche Fahrzeuge anzupreisen. Bei schlechten Fahrleistungen in sportlichen Automobilen haben hier definitiv Ford und Opel unabhängig voneinander gemeinsam die Spitze gebildet. Selbst bei turboaufgeladenen Motoren schaffen sie es einfach nicht, ihre Fahrzeuge auf vernünftige Fahrwerte zu bringen. So leider auch fast alle von ihren Sportversionen und Höchstmotorisierungen. Die ST- und RS-Modelle von Ford und die OPC-Modelle von Opel sowie die Motorisierungen darunter. Wobei es bei Opel vor allem der Insignia ist. Die Motorisierungen anderer Modelle unterhalb der OPC-Versionen sind ebenfalls betroffen. Die Höchstmotorisierungen hingegen bringen Performance auf dem ungefähren Niveau von Seat. Also durchaus schnell fahrbar, aber eben deutlich unter dem Niveau, das sie eigentlich mit ihren Turbomotoren und deren Leistung erreichen sollten. Über den Ford Focus RS MK2 und den RS Mk3 ist in Fachkreisen hingegen sogar bekannt, dass diese Fahrzeuge nicht nur Performance-Probleme haben, sondern auch noch deutlich nach unten streuen. Für turboaufgeladene Motoren ist das ein absolutes „No-Go“! Denn ein guter Turbomotor bringt immer die Leistung mit der er angegeben ist und liegt auch gern ein bisschen darüber. Beispielsweise bei Turbomotoren von Audi und VW kann man sich bei nahezu jedem Aggregat sicher sein, dass sie deutlich über ihrer angegebenen Leistung liegen, was nicht zuletzt auch ihre Fahrwerte beweisen. Egal ob es sich um einen kleinen 1.4er oder um einen V8-Biturbo handelt. Dies wird auch auf unzähligen Prüfständen immer wieder belegt. Diese Motoren streuen alle nach oben. Auch die Turbobenziner von der Konkurrenz BMW und Mercedes-Benz machen mindestens das, was sie sollen oder liegen darüber. Dies gilt auch für Tochterunternehmen wie zum Beispiel Mini. Bei den Fahrwerten von modernen turboaufgeladenen Motoren von Ford und Opel bekommt man hingegen Falten auf der Stirn. Sie streuen oftmals nach unten und das ohne erkennbaren Grund. Großartig bekannte Probleme, die den Leistungsverlust verursachen, wie beispielsweise bei einem Audi RS4 B7 (Hochdrehzahlsaugmotor) haben sie nicht. Der Opel Astra J als GTC (Coupé) mit 200 PS (2.0 Turbobenziner) benötigt sage und schreibe ganze 8,6 Sekunden auf 100 Km/h. Denkt man an die zuvor erwähnte Faustformel, fällt auf, dass das eine halbe Ewigkeit ist. Der Astra J OPC mit gerade mal 41 PS mehr aus der gleichen Maschine, benötigt hingegen nur 6,4 Sekunden. Ein riesiger Unterschied, aber trotzdem noch kein Weltwunder. Gleichwertig mit dem Seat Leon II Cupra, der ebenfalls einen 2.0 Turbobenziner mit 240 PS hat. Auch er ist mit 6,4 Sekunden angegeben. Zum Vergleich: Ein VW Golf V R32, welcher mit deutlich mehr Gewicht und dafür aber ohne Turboaufladung auskommt und somit deutlich benachteiligt ist, benötigt sogar nur 6,2 Sekunden. Hier sei noch ein Mal erwähnt, dass ein turboaufgeladenener Motor unter gleichen Bedingungen immer merkbar schneller beschleunigt, als ein Sauger. Normalerweise. Außer er ist ab Werk in seiner Performance eingeschränkt, wie es hier der Fall ist. Aber an dieser Stelle sei nun gesagt, dass Opel zu gewissen Zeiten auch Modelle mit ordentlicher Performance auf den Markt gebracht hat. Das eher weniger ästhetische Modell Astra G bekam zum ersten Mal OPC-Versionen als offizielle Höchstmotorisierung, womit das frühere GSI-Kürzel abgelöst wurde. Der Astra G OPC hatte einen 2.0 16V Vierzylinder, der ab Werk recht ansehnlich getunt war. Mit einem Fächerkrümmer, scharfen Nockenwellen und Schmiedekolben kam er auf 160 PS. Zugegeben ist das nicht die Welt für einen Sauger mit 2 Liter Hubraum. Man denke an den Honda S2000, der aus 2.0 Liter 241 PS leistete, ebenfalls ohne Turbolader. Aber mit seiner Beschleunigung von 8,2 Sekunden auf 100 Km/h war der Astra schon akzeptabel aufgestellt. Noch besser traf es anschließend das Facelift-Modell. Der sogenannte OPC II leistete mittlerweile durch Turboaufladung 200 PS und war mit 7,1 Sekunden angegeben was, wie wir wissen, eine absolut passable Zeit für die Leistung ist. Mit seiner Endgeschwindigkeit von 240 Km/h war er sogar erstaunlicherweise noch schneller als beispielsweise der VW Scirocco III (200 PS, 7,1 Sekunden, 235 Km/h). Der Opel Insignia (Baureihe A und B) hingegen schreit geradezu nach Softwareoptimierungen, damit er sich mit Artgenossen in seiner Fahrzeugklasse überhaupt messen darf. Obwohl er ein modernes Fahrzeug mit modernen Turbomotoren ist, sind seine Fahrwerte im Bezug auf die Motorleistungen geradezu erbärmlich. Nehmen wir zum Beispiel seinen 2.0 Biturbodiesel, welcher 195 PS leistet. Ein biturboaufgeladener Vierzylinder ist sehr ungewöhnlich. Man könnte hier also aufgrund der doppelten Turboaufladung eigentlich eine hohe Performance erwarten. Doch wie es leider nun mal so ist, erreicht er mit seinen schon bald 200 PS nicht mal annähernd die Fahrwerte, die er haben müsste. Opel gibt den modernen Dieselmotor mit 8,7 Sekunden an. Aus vorherigen Abschnitten kennt ihr genügend Informationen und Vergleiche, um zu erkennen, dass dies geradezu beleidigend langsam ist. Die Fahrwerte werden dieser Dieselhöchstmotorisierung keinesfalls gerecht. So steht es auch um die OPC-Variante des Insinia A. Sie ist geradezu unsagbar langsam, trotz ihrer 325 Turbopferdestärken. Reale Vergleiche zeigen sogar, dass der OPC kein bisschen schneller ist, als die Motorisierung unter ihm. Bei beiden Varianten handelt es sich um einen turboaufgeladenen 2.8 V6 mit Allradantrieb. Angegeben ist der OPC mit 6,0 Sekunden. Tatsächlich liegt er bei realen Tests zwischen 7 und 8 Sekunden, je nach Fahrer, atmosphärischen Begebenheiten und wie sauber der Start war. Das sind wirklich bitterböse, schlechte Fahrwerte. Die Performance der im Insignia eingesetzten Motoren, lässt wirklich sehr zu wünschen übrig. Ihr seht also, um die Performance des Opels steht es leider wieder ein Mal nicht sehr gut, was ich persönlich sehr schade finde, da mir das Auto eigentlich recht gut gefallen hat. Vergleichbare Fahrzeuge in der Klasse des Opel Insignia OPC, nach Bauzeitraum und Motorisierung, sind der VW Passat R36 (3.6 VR6, 300 PS, 5,8 Sekunden), der Audi A4 B8 (V6K, 333 PS, 5,0 Sekunden), der BMW E90 335i (3.0 R6T, 306 PS, 5,6 Sekunden), sowie die Mercedes-Benz C-Klasse W204 350 (3.5 V6, 306 PS, 6,0 Sekunden). Wohlbemerkt wiegen auch alle diese Modelle mehr als der Opel. Und trotzdem sind sie um Welten schneller. Auch die normalen Motorisierungen im Insignia A, Insignia B und in den letzten Modellen des Astra weisen leider diese extremen Performance-Schwächen auf. Diesel als auch Benziner. Sie sind alle grauenhaft langsam für die Leistung und das Drehmoment, die ihre Motoren entwickeln.

Trotz all dieser negativen Aspekte mag ich die Marke Opel. In Deutschland ist sie Kult und oftmals hat sie einfach unter der Führung von General Motors gelitten und wurde zu sehr eingeschränkt. Auch missfiel mir meistens, dass Opel bezüglich der Haltbarkeit und der technischen Beschaffenheit, von vielen Menschen immer äußerst schlechtgeredet wurde. Als die Werbekampagne „Umparken im Kopf" kam, wurde das Image ein wenig aufgewertet, denn auch die modernen Fahrzeuge von Opel sind bis auf ihre Performance und ein paar

Wehwehchen wirklich in Ordnung. Vor allem das Interior und das Außendesign gefallen mir. Unter der neuen Führung von PSA (Peugeot und Citroën) scheint es wohl nun auch wieder bergauf zu gehen.

Der Ford Focus RS Mk2 hat einen Fünfzylindermotor mit Turboaufladung. Der Motor stammt ursprünglich von Volvo. Ich persönlich bin wirklich ein Fan dieses Fahrzeuges aufgrund seiner Rallye-Gene und seines pompösen Auftretens. Ich habe dieses Modell schon oft unter anderem bei der World Rallye Championship von Fans in Aktion erlebt. Aber auch im privaten Kreis hatte ich Kontakt zum Focus RS. Ich habe auch selbst mal mit dem Gedanken geliebäugelt mir einen solchen zuzulegen. Aber nach reiflicher Überlegung habe mich schlussendlich aus denselben Gründen wie beim Audi S5 und beim Nissan 370Z, dagegen entschieden. Schlicht und einfach weil dieses Modell in Sachen Performance komplett ernüchternd ist. Kennern dieses Fahrzeuges wird bekannt sein, dass der Fünfzylinder leider trotz Turboaufladung nach unten streut. Auf dem Prüfstand bringen sie durchschnittlich etwa 290 PS. Angegeben ist dieses Modell mit 305 PS und 5,9 Sekunden, was für diese Motorleistung inklusive Turboaufladung schon sehr langsam ist. Zum Vergleich: Ein Golf VII R (300 PS und im Facelift 310 PS) ist mit 4,6 Sekunden angegeben. Ein Audi TT S und ein Audi S3 sind mit den gleichen Motoren sogar noch schneller. Die Autozeitschrift "auto motor sport" maß einen Focus RS nach einigen Versuchen mit 6,4 Sekunden als bestes Ergebnis. Und ihr wisst mittlerweile, welchen deutlich schwächer motorisierten Fahrzeugen dieser Wert entspricht. Die Fahrwerte des Focus RS sind erschreckend schlecht. Zum Vergleich bin ich mal mit dem

Scirocco R, den wir auch im Test mit dem Seat und dem S3 hatten, gegen einen solchen Focus RS Mk2 gefahren. Beide Autos ungetunt. Der Focus war unterlegen wie kein Zweiter in seiner Klasse. Erst als er später abgasseitig, ansaugseitig und mit einer anschließenden Motorsteuersoftwareoptimierung auf tatsächliche 400 PS abgestimmt war, besaß er endlich so viel Können, dass er mit dem R mithalten konnte. Aber auch nur das. Davongefahren ist er ihm immer noch nicht. Zugegeben, der R ist ein Sportwagen und der Focus ein klobiger Kompaktsportler. Und der Audi-Motor im Scirocco lag auch wie man es von Audis Turbomotoren erwarten kann, über seiner Leistungsangabe. Aber nichtsdestotrotz waren immer noch über 100 PS Unterschied zwischen den beiden Fahrzeugen.

Nachdem sich die Fangemeinde um den frontgetriebenen Focus RS dies lange Zeit sehnlichst gewünscht hatte, bekam der Nachfolger des Mk2 endlich einen Allradantrieb. Der Mk3 wurde allerdings leider nur noch mit 2.3 Litern und vier Zylindern ausgestattet. Wieder turboaufgeladen und wieder mit starker Streuung nach unten. Ab Werk sollte der Focus RS nun 350 PS leisten. Bewiesenermaßen generiert er durchschnittlich leider etwa nur 320 PS auf Leistungsprüfständen. Er wurde außerdem mit einem Driftmodus versehen. Er wäre der perfekte „Hot Hatch“ zum Spaß haben, wenn da nicht diese störende Sache mit der Minderleistung wäre. Für einen guten Turbomotor ist es, wie bereits erwähnt, ein Muss mindestens seine Serienleistung zu bringen. In der Regel nun mal auch ein bisschen mehr.

Glücklichen Umständen zur Folge, weisen nicht alle Modelle des Ford-Konzerns eine schlechte Performance auf. Der gerne gekaufte Kleinwagen aus Fords Produktpalette, der Fiesta, erweist sich seit der 7. Generation, anders als seine großen Brüder, sogar als kleiner Performance-King in seiner Fahrzeugklasse. Er wurde mit einem Reihenvierzylinder mit Eco-Boost-Turbolader ausgestattet. Es gab ihn mit 182 PS und in der Variante ST 200, wie der Name schon sagt, mit 200 PS. Die kleinen Flitzer sind mit 6,9 und 6,7 Sekunden angegeben und das ist für diese Leistung definitiv weit über dem Durchschnitt. Sein Nachfolger, der aktuelle Fiesta, seinerseits nun schon in der 8. Generation, hat nur noch einen äußerst hochgezüchteten 1.5 Dreizylinder mit EcoBoost-Turbolader, welcher ebenfalls 200 PS leistet. Hier hat das „Downsizing“ voll zugeschlagen. Überraschenderweise ist der ST inzwischen mit 6,5 Sekunden angegeben, bei denen er die 100 Km/h-Marke erreichen soll. Irrsinnig schnell, obwohl er einen Zylinder und 500 Kubikzentimeter weniger hat. Hier hat Ford gezeigt, dass sie mittlerweile nun doch in der Lage sind, endlich ihre Motoren in Richtung Performance auszulegen und dass sie mit konkurrierenden Herstellern nicht nur mithalten, sondern sie sogar überbieten können, was übrigens auch mit dem Supersportler Ford GT (3.5 V6TT, 656 PS, 2,8s) unter Beweis gestellt wurde.

Der aktuelle VW Polo VI GTI (2.0 R4T TSI, 200 PS) benötigt vergleichsweise 6,7 Sekunden auf 100 Km/h. Der Audi A1 GB 40 TFSI hat den gleichen Motor an Bord und ist sogar wie der Fiesta mit 6,5 Sekunden angegeben. Der Peugeot 208 GTi (1.6 R4T THP, 200 PS) benötigt hingegen 6,8 Sekunden für den Sprint auf die berühmten 100 Km/h. Sein Konzernbruder, der Citroën DS3 (1.6 R4T THP, 207 PS) überwindet die 100 Km/h-Schwelle hingegen wieder in rasanten 6,5 Sekunden. Nun fehlt uns nur noch ein wichtiger Kandidat aus der Ford-Produktpalette. Genau! Ich meine natürlich den berühmtesten Vertreter der Muscle-Cars, den Mustang! Er wird mittlerweile mit leistungsärmeren Vierzylinder-EcoBoost-Motoren aus dem Focus RS angeboten. In meinen Augen grenzt das an absolute Blasphemie, in ein Amerikanisches Muscle-Car einen Vierzylinder-Turbo einzubauen. Was das betrifft, gehöre ich ausnahmsweise definitiv zur alten Schule. V6- und wie es sich für ein Amerikanisches Muscle-Car gehört V8-Motoren bekommt man aber zum Glück auch noch im Ford Mustang. Auch wenn ich niemanden kenne, der nicht ebenfalls behauptet, dass in Amerikanische Muscle-Cars und Pony-Cars definitiv ein V8 gehört, werden diese Autos immer öfter mit Sechs- und sogar Vierzylindermotoren erworben. Das ist wie mit Schlagern. Alle sagen, sie würden sie verabscheuen. Aber wenn dann auf Partys welche laufen, kann sie plötzlich jeder lautstark mitsingen und hat Spaß dabei. Leider ist auch wieder keiner dieser Motoren ein Performance-Künstler. Dies gilt nicht nur für den Mustang, sondern auch für seine Konkurrenten, den Camaro, den Challenger und den fünftürigen Charger. Vor allem die älteren Modelle schwächeln auch gern mit ihrer Leistung. Beispielsweise wurde der Mustang Shelby GT500 (5. Generation, 5.4 V8K) mit 500 PS angegeben. In der Britischen Autosendung Top Gear wurde er auf einem mobilen Leistungsprüfstand getestet und brachte sage und schreibe gerade mal 447 PS auf die Anzeige. Anschließend wurde sein Vorgänger aus dem Jahre 1968 ebenfalls auf demselben Prüfstand unter denselben Bedingungen getestet. Er besaß einen 6.4 V8 und war mit 325 PS angegeben. Tatsächlich leistete er während des Tests nur 250 PS. Selbstverständlich darf man nicht vergessen, dass der Motor bereits einige Jahrzehnte auf dem Buckel hat. Doch mit etwas Pflege und artgerechter Behandlung sollte einem solchen V8 das Alter nichts ausmachen.

Geradezu interessant langsam sind auch der Subaru BRZ und der Toyota GT86, welche praktisch ein und dasselbe Auto sind. Sie sind mit einem 2.0 Boxermotor von Subaru ausgestattet, der immerhin 200 PS ohne Aufladung leistet. Für einen Sauger schon mal nicht schlecht. Sportliches Design und moderne Technik runden die Japanischen Sportwagen im Gesamtpaket ab. Und dennoch sind sie bereits ab Werk mit nur 7,6 Sekunden auf 100 Km/h angegeben und auch darüber hinaus, verglichen mit anderen in ihrer Klasse, ziemlich träge und zurückhaltend was ihre Beschleunigung betrifft.

Aber es geht noch schlimmer. Manche Motoren leiden regelrecht unter massivem Leistungsverlust. Noch stärker als in den letzten Beispielen. Man könnte sie beinahe als Fehlkonstruktionen bezeichnen, denn ihr extremer Leistungsverlust ist keine Streuung oder Softwareschwäche mehr, sondern basiert auf technischen Makeln. Wenn man den verärgerten Besitzern Glauben schenkt, haben sich die Automobilhersteller damit auch so manche Klage eingehandelt. Unter den sportlichen Fahrzeugen und Höchstmotorisierungen ist vor allem ein Fahrzeug extrem betroffen. Bei diesem hochmotorisiertem Sorgenkind handelt es sich um den Audi RS4 B7. Laut Audi soll der V8 420 PS erzeugen. Auf Leistungsprüfständen zeigt er sich mit durchschnittlich ermüdenden 360 PS. Oft sogar weniger. Es wurden schon Modelle gemessen, die nur knapp über 300 PS leisteten. Diese wiesen dann zusätzlich zu den eigentlichen Motorproblemen, noch Beschädigungen an Magnetklappen an ihren Einlasskanälen auf. Meist waren es Brüche. Doch die Hauptursache für den bitteren Leistungsverlust ist eine Andere. Vor einigen Jahren wurde noch größtenteils der Mantel des Schweigens über die Leistungsprobleme beim RS4 gelegt. Doch mittlerweile ist weitestgehend bekannt, was die Ursachen dafür sind: Massive Verkokung im Ansaugsystem. Dies geschieht dadurch, dass die Kurbelwellengehäuseentlüftung in den Ansaugtrakt des Motors geführt ist. Dadurch gelangt Öl in das Ansaugsystem. Da der FSI aufgrund von immer anspruchsvoller werdenden Euro-Normen mit einem Abgasrückführungssystem (AGR) ausgestattet ist, verkokt das Öl im Ansaugsystem unter der zugeführten Hitze zunehmend. Normalerweise hätte man zumindest bei einem Saugrohreinspritzer durch den Kraftstoff noch den Effekt einer Reinigung. Da der FSI aber ein reiner Direkteinspritzer ist, fällt es dem Motor durch die Verkokung immer schwerer Luft anzusaugen. Die Ansaugwege verjüngen sich und Volumen geht verloren. Außerdem kommt erschwerend hinzu, dass diese ihre glatte, runde Oberfläche verlieren. Dadurch besitzen sie keine strömungsoptimierte Beschaffenheit mehr. Es entstehen Unebenheiten, die die Motorleistung zusätzlich reduzieren. Gerade für einen Saugmotor ist dies extrem leistungshemmend, denn er beatmetet sich durch Unterdruck selbst.

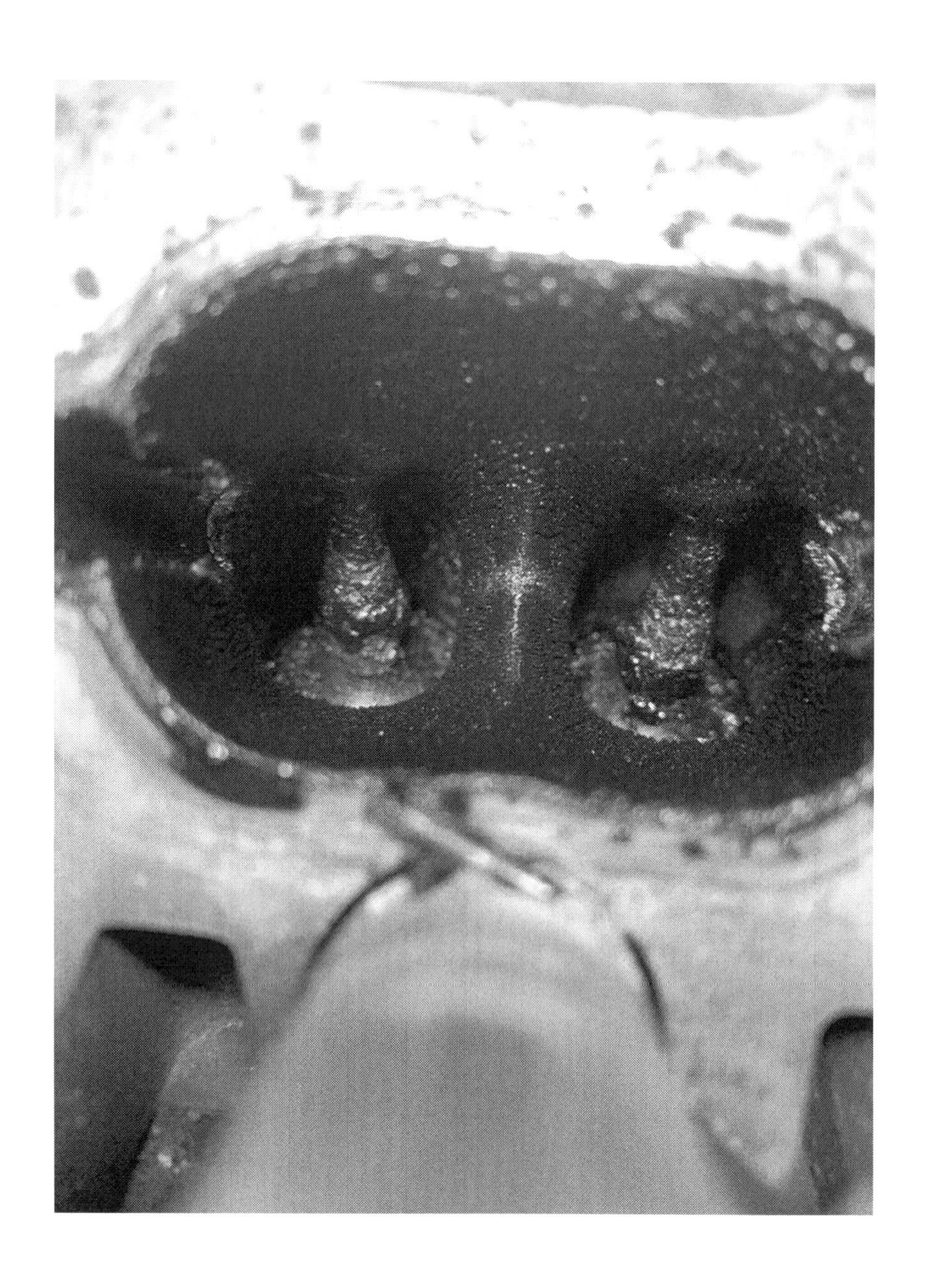

Ihr müsst euch das wie folgt vorstellen: Ein Marathonläufer, dem sich die Atemwege immer mehr zusetzen und immer kleiner werden, bekommt nicht mehr richtig Luft und kann seine Leistung nicht mehr vollständig entfalten. Das Ergebnis ist, dass er auf Sparflamme laufen muss und deutlich langsamer wird. Genau so ist es bei dem RS4-Motor auch. Auf der vorherigen Seite seht ihr eine Nahaufnahme von zwei Einlasskanälen eines solchen 4.2-Liter-V8. Darauf lässt sich erkennen, wie stark die Verkokungsprobleme sind. Das Foto stammt aus der RS-Klinik in Burgdorf. Diese kleine, sympathische Tuningwerkstatt in der Nähe von Hannover, hat es sich geradezu zur Hauptaufgabe gemacht, die Verkokungsprobleme zu bekämpfen. Sie hat sich auf Audi-Modelle und vor allem auf den Hochdrehzahl-V8 des RS4 und seine Probleme spezialisiert. Dort bekommt ihr außerdem auch sehr gute, hausgemachte Softwareoptimierungen für alle VAG-Modelle aller Art, inklusive Leistungsmessung auf dem Prüfstand.

Durch eine sogenannte BEDI-Reinigung können die Ansaugwege auf verschiedene Arten, chemisch, als auch mechanisch, von der Verkokung befreit werden. Wenn dies geschieht und keine weiteren Tuningmaßnahmen ergriffen werden und keine Beschädigungen vorliegen, leistet der Motor dann durchschnittlich auf Prüfständen um die 410 PS. Er erreicht also immer noch nicht ganz die Serienangabe, aber da dies leider bei vielen sportlichen Saugern der Fall ist, ist das zu verkraften. Denn bei den letzten fehlenden Pferdchen handelt es sich nur noch um eine negative Streuung. Es empfiehlt sich bei diesem Modell auch ein neues Ansaugsystem zu verbauen und dieses mit einer komplett neuen

Motorsteuersoftware abstimmen zu lassen. So lassen sich bei diesem Modell in Verbindung mit Sportkatalysatoren schon ohne Weiteres bis zu 460 PS erreichen. Und diese Fahrzeuge waren dann nicht nur über der Serienleistung angesiedelt, sondern auch durch das Tuning recht spritzig geworden.

Das nachfolgende Bild zeigt die Einlasskanäle und Einlassventile nach einer mechanischen Reinigung.

Der RS4-Motor ist allerdings nicht der einzige V8 bei Audi, der mit solchen Sorgen belastet ist. Der R8 42 V8 hat wie bereits erwähnt, den gleichen Motor mit marginalen Änderungen, um im Supersportwagen bissiger agieren zu können. Der RS5 8T hat ebenfalls den gleichen Motor in modernerer Form, mit wiederum neuen Änderungen. Die Wichtigste davon ist: Er hat ein doppeltes Ansaugsystem. Für jede Zylinderbank jeweils eines. Dies wirkt der Verkokung zwar entgegen, weil das Volumen der Ansaugung stark angehoben wird, aber das Problem wird damit nicht behoben. Audi verspricht durch die Neuerungen nun sogar 450 PS. Wie zu erwarten werden diese nicht erreicht. Der RS5 wird meist mit ca. 420 PS gemessen. Ein Vorteil vom RS5 ist aber, dass er im Gegensatz zum RS4 B7 im verkokten Zustand nicht seine gesamte Performance verliert und nicht so träge wird. Seinen sportlichen Durchzug behält er zum Großteil.

Auch die anderen V8-Motoren von der Audi AG sind von erheblichem Leistungsverlust befallen. Der Audi S4 B6, welcher sich seinen Motor auch gleich mit seinem Nachfolger dem S4 B7 teilte, soll laut Werksangabe 344 PS generieren. Auf Prüfständen erreicht er dann durchschnittlich gerade mal 280 PS. Auch der Audi S5 8T, sowie die Modelle S8 D3 (5.2 V10, 450 PS) und S6 C6 (5.2 V10, 435 PS) mit den V10-Saugmotoren, als auch die ganz alten Achtzylinder aus dem Audi 100 S4 (4.2, 280 PS) und dem Audi V8 (3.7, 250 PS und 4.2, 280 PS) sind von starken Leistungsverlusten nicht verschont geblieben. Ihr seht also, obwohl diese bärenstarken S- und RS-Modelle mit beliebten Achtzylindern ausgestattet sind, ist das bei weitem kein Indikator für ein perfektes Auto oder gute Performance. Es kommt immer darauf an, was der

Autobauer daraus macht. Aber man darf nicht vergessen, dass Audi dafür bei kleineren Saugmotoren die vier, fünf und sechs Zylinder haben, immer vernünftige Arbeit geleistet hat. Ganz anders ist die Marke bei Turbomotoren, für die Audi regelrecht berühmt berüchtigt ist. In Sachen Turboaufladung ab Werk, ist Audi tatsächlich nun mal ungeschlagen bei Performance, Power und Haltbarkeit und somit der Spitzenreiter in dieser Kategorie. So schlecht ihre Sauger auch sind, so großartig wiederum sind ihre Turbos. Und auch an dieser Stelle darf man nicht vergessen, dass es noch jede Menge weitere sportliche Fahrzeuge gibt, bei denen diese Sorgen ebenfalls auftreten.

Der immer wieder mit dem RS4 B7 verglichene Dauerkonkurrent BMW E92 M3, hat leider ebenfalls eine negative Streuung zu vermerken. Er soll genau wie der Audi 420 PS leisten. Bei ihm sind es auf den Prüfständen meistens 400 bis 410 PS. Manchmal auch noch ein bisschen weniger. Auch der große Bruder dieses im M3 eingesetzten V8-Motors hat eine leichte, negative Streuung. Der 5.0 V10 aus dem BMW E60 (5er) und dem E63 (6er) sollte eigentlich 507 PS leisten. Auch er liegt in der Regel immer ein wenig darunter.

Die älteren AMG-Modelle, welche im selben Zeitraum wie die bereits erwähnten BMWs und Audis erschienen sind, haben trotz ihrer riesigen Motoren (bis zu 6.2 Liter) geringfügige Leistungsprobleme zu verzeichnen. Hierfür wollen schon alle möglichen Tuner die unterschiedlichsten und unmöglichsten Gründe gefunden haben. Von falschen Getriebeübersetzungen bis hin zu Messfehlern ist mir da schon alles an Erklärungen begegnet. Ich persönlich habe mich einfach damit abgefunden, dass viele Saugmotoren aus den sportlichen Segmenten weniger „Leistung machen“, als sie auf dem Papier stehen haben.

So auch zum Beispiel bei Nissans Sportcoupé, dem 370Z. Auch er bleibt von dezenter negativer Streuung nicht verschont. Zuerst war er mit 331 PS angegeben. Später jedoch durch Umstellung auf Euro5, nur noch mit 328 PS, aufgrund einer leicht abgeänderten Motorstuerungssoftware. Auf Prüfständen sind es allerdings durchschnittlich 315 PS und weniger. Auch an Spritzigkeit und Agilität mangelt es den Hochdrehzahl-V6-Motoren ein wenig. Auch bei diesen Modellen gibt es eine Tuningschmiede, die sich fast ausschließlich den sportlichen Modellen von Nissan widmet und ihr Tuningkonzept auf den Problemen dieser Fahrzeuge aufgebaut hat. "CTD-Germany" befasst sich weitestgehend mit dem 350Z, dem 370Z und dem GT-R im Sinne vom Tuning und auch den Sorgen, die die Fahrzeugbesitzer mit ihren Schätzchen haben. Da es sich bei dem Leistungsverlust dieser Motoren nur um negative Streuung handelt, kann das Problem meist schon mit einer neuen Motorsteuerungssoftware des Tuners behoben werden. Darüber hinaus steht ein umfangreiches Tuningangebot für die seltenen Japano-Racer zur Verfügung. Wer seinen 370Z fitter machen und zur Serienleistung verhelfen oder so darüber hinausgehen möchte, dem sind vor allem ein neues doppelseitiges Ansaugsystem und Veränderungen an der Abgasanlage zu empfehlen. Mit anschließender Softwareabstimmung des Tuners sind die Motoren so problemlos auf standhafte 350 - 360 PS zu bekommen. Dies ist natürlich nicht das Ende der Fahnenstange, aber der Motor liegt nach diesen Maßnahmen deutlich über seiner Serienleistung und hat keine Schwächeleien mehr. Er wird auch um einiges agiler und spritziger. Man könnte sagen, dass er sich ähnlich wie der RS4-Motor, nach diesen Maßnahmen endlich genau so anfühlt, wie er es bereits im Serienzustand tun sollte.

Das Feeling macht den entscheidenden Unterschied. Die paar PS, die das Fahrzeug dann auf dem Papier mehr hat, sind gar nicht so ausschlaggebend. Das Fahrgefühl und der Durchzug des Motors machen das Meiste aus. Denn auf der gefühlten Ebene hat man deutlich mehr Leistungszuwachs, als 30 - 40 PS. Man hat, ohne zu übertreiben, gleich ein ganz anderes Auto mit einer gefühlten Mehrleistung im dreistelligen Bereich. Bei CTD-Germany sind natürlich auch andere Fahrzeuge willkommen als nur von der Marke Nissan. Bei diesem Unternehmen steht eine große Affinität zu Japano-Racern im Vordergrund. Darüber hinaus auch naheliegenderweise zu anderen Japanischen, sowie Süd-Koreanischen Marken. Allgemein seid ihr mit Asiatischen Autos, vor allem im sportlichen Bereich, dort zweifelsohne sehr gut aufgehoben.

Sehen wir mal von negativen Streuungen und Leistungsverlusten ab, gilt allgemein: Sportwagen und Coupés haben im Verhältnis die beste Performance. Ein Coupe eines Automodelles wird immer bessere Fahrwerte als die Limousine haben und die Limousine hingegen wird immer bessere Fahrwerte als ein Kombi des gleichen Modells haben. **S**ports **U**tility **V**ehicle (SUV) haben dagegen die schlechteste Performance. Sie sind das genaue Gegenteil von Sportwagen. Schwer, träge, klobig und absolut nicht aerodynamisch. Und dies sind nur einige ihrer negativen Eigenschaften, welche wiederum zu anderen negativen Eigenschaften wie erhöhten Kraftstoffverbrauch usw. führen. Um die gleichen Fahrwerte eines Scirocco R (265 PS, 315 Nm) zu erreichen, benötigt ein Porsche Cayenne 92A beispielsweise einen 4.8 V8 mit 420 PS und 515 Nm Drehmoment.

Performance nach Karosserieart

Fahrzeugkategorie	Performance
Sportwagen	Am besten
Kleinwagen	Sehr gut
Kompaktwagen	Gut
Coupé	Gut
Limousine	Neutral
Cabriolet	Schlecht
Kombi	Schlecht
SUV	Sehr schlecht

Manche von euch fragen sich jetzt vielleicht, wo der Unterschied zwischen Sportwagen und Coupés liegt. Normalerweise versteht man unter diesen Begriffen meistens das Gleiche. Zumindest gilt ein richtiger Sportwagen auch immer als Coupé. Aber man darf nicht vergessen, dass dreitürige Limousinen auch als Coupé bezeichnet werden. Ihr werdet mir aber sicher zustimmen, dass ein Mercedes-Benz C-Klasse Coupé ein völlig anderes Fahrzeug, als ein Mercedes-Benz AMG GT ist. Ganz unabhängig von der Motorisierung. Beides sind Coupés. Aber ein AMG GT, ein SLS oder ein SLR haben deutlich mehr Anrecht darauf, als Sportwagen bezeichnet zu werden. Daher die Differenzierung.

Um die Angaben der vorherigen Tabelle zu bestätigen, findet ihr nachfolgend die Werte von verschiedenen Modellen eines BMW E46 3er mit der Motorisierung „330i“, die einen 3.0 Reihensechszylinder mit 231 PS und 300 Nm beinhaltet. SUV, Kleinwagen und Sportwagen gab es in der Modellreihe des 3er nicht. Daher werden sie durch logische andere Modelle, die sich in diesen Fahrzeugkategorien befinden und den gleichen Motor besitzen, ersetzt. Außerdem haben sie auch teilweise die gleiche Basis wie der 3er. Beim SUV habe ich mich bewusst für den X3 und nicht für den größeren X5 entschieden, da der X3, seines Zeichens Mittelklasse-SUV, der 3er-Baureihe mehr gleicht. Wenn man so will, ist er praktisch die SUV-Variante des 3er. Die Fahrwerte beziehen sich auf die Werksangaben von BMW. Auch hier findet ihr wieder einen reinen Sportwagen (Z3) und ein Coupé. Dabei sei noch zu erwähnen, dass dreitürige Coupés die auf Limousinen basieren, manchmal auch von den Herstellern etwas sportlicher von der Karosserie und vom Fahrwerk her, ausgelegt werden. Dies bezieht sich vor allem auf die Fahrzeugbreite und -tiefe, sowie den Radstand.

E46 330i im Vergleich

Karosserieart	BMW-Modell	Performance
SUV	E83 X3 3.0i	7,8 s
Kombi	E46 330i	6,7 s
Cabriolet	E46 330i	6,9 s
Limousine	E46 330i	6,5 s
Kompaktwagen	E46 330ti	~ 6,3 s
Coupé	E46 330ci	6,4 s
Sportwagen	Z4 E85 3.0i	5,9 s

Der E46 Kompakt wurde leider nicht mit dem 3.0-Motor ausgestattet und hat deswegen keine Angaben bezüglich dieses Motors. Bei anderen Motorisierungen des 3er ist der Kompakt jedoch grundsätzlich 0,1 Sekunden schneller als das Coupé, weshalb man hier mit an Sicherheit grenzender Wahrscheinlichkeit von einem Fahrwert von 6,3 Sekunden auf 100 Km/h ausgehen kann.

Zuletzt eine Übersicht bezüglich der Performance von den Motoren der gängigsten Automobilhersteller, falls ihr genau so auf saubere Fahrwerte Wert legt, wie ich es tue.

Performance nach Marken

Marke	Saugmotoren	Turbomotoren
Alfa Romeo	Schlecht	Gut
Audi	Schlecht	Gut
BMW	Gut	Gut
Chevrolet	Schlecht	Gut
Citroën	Schlecht	Schlecht
Dacia	Schlecht	Schlecht
Dodge	Schlecht	
Ferrari	Gut	Gut
Fiat	Schlecht	Schlecht
Ford	Schlecht	Schlecht

Honda	Gut	Gut
Hyundai	Mittelmäßig	Mittelmäßig
Jaguar	Schlecht	Gut
Lamborghini	Gut	Gut
Maserati	Schlecht	Gut
Mazda	Mittelmäßig	Schlecht
Mercedes-Benz	Mittelmäßig	Gut
Mini	Mittelmäßig	Gut
Mitsubishi	Mittelmäßig	Gut
Nissan	Schlecht	Gut
Opel	Schlecht	Schlecht
Peugeot	Schlecht	Mittelmäßig
Porsche	Gut	Gut
Renault	Schlecht	Mittelmäßig
Seat	Mittelmäßig	Mittelmäßig
Škoda	Mittelmäßig	Mittelmäßig
Subaru	Mittelmäßig	Gut
Toyota	Mittelmäßig	Mittelmäßig
Volkswagen	Gut	Gut
Volvo	Mittelmäßig	Mittelmäßig

Wer sich jetzt fragt, seit wann es in einem Lamborghini Turboaufladung gibt, der denke an den Urus, das SUV, welches den V8 Biturbo von Audi eingepflanzt bekommen hat, der beispielsweise auch im RS6 C7, im RS7 und im S8 D4 vorzufinden ist. Die Turbomotoren von Alfa Romeo und Maserati wurden ausschließlich gut bewertet, weil sie in hohen Motorisierungen meist von Ferrari stammen oder abgespeckte Ferrari-Motoren sind. Die turboaufgeladenen Fahrzeuge bringen in dem Fall meist eine wirklich großartige Performance. Bei Renault, Peugeot und Volvo ist die Performance der Turbomotoren recht akzeptabel. Sie befindet sich in etwa auf dem bereits angesprochenen und verglichenen Niveau von Seat. Bei VW sind nicht nur die aufgeladenen, sondern auch die Saugmotoren zu loben. Die alten VR-Motoren standen meist gut im Futter und haben den Fahrer mit Spritzigkeit erfreut. Das Gleiche gilt für die Sauger von Honda und BMW. Die Supersportwagenmarken sind natürlich ähnlich aufgestellt. Lediglich Maserati lässt zu wünschen übrig, denn deren hauseigene Saugmotoren, welche nicht von Ferrari kommen, sind trotz viel Hubraum, Drehzahl und Leistung, selbst im Supersportwagen dem GranTurismo, erschreckend langsam und haben gegen Artgenossen derselben Fahrklasse keine Chance. Dafür sind die Motoren allerdings unheimlich charakteristisch und haben den beinahe schönsten V8-Sound den man bekommen kann. Wer einen Motor mit relativ guter Performance und ohne negative Streuung und Leistungsverlust möchte, der einigt sich mit sich selbst am besten auf ein turboaufgeladenes Aggregat Japanischer oder Deutscher Herkunft. Bei letzterem sind vor allem die drei großen Premiummarken und ihre Konzernschwestern zu empfehlen.

Benzin vs. Diesel

Vielleicht kennt der ein oder andere die Situation: Es ist Freitagabend. Ihr sitzt in einer netten Runde in eurer Stammkneipe, seid auf einem Geburtstag oder im Kreise der Familie bei einem geselligen Umtrunk und ihr habt einen Autofan dabei. Vielleicht seid ihr es sogar selbst. Das Gesprächsthema Nummer Eins sind natürlich Autos und das aktuelle politische und wirtschaftliche Geschehen darum. Irgendwann ist der Punkt erreicht wo der Autofan, seines Zeichens „Petrolhead“ und der Familienvater, natürlich klassischer Dieselfahrer, aneinander geraten. Mit verschiedensten Argumenten wird dann aneinander vorbei diskutiert, welcher Antrieb der Bessere ist.

Kennt ihr diese Dieselfahrer die behaupten, ihr oller VW Touran mit 2.0 TDI mit 140 PS würde sämtliche Sportwagen und Höchstmotorisierungen abziehen, weil das Dieseldrehmoment ja so hoch sei? Bei solchen Leuten stellen sich mir alle Nackenhaare zu Berge!

Ein typisches Streitthema, dass auch für mich mittlerweile unausweichlich ist. Trotz dessen, dass durch den Dieselskandal viele den Selbstzündern mittlerweile abgeschworen haben, scheint die Debatte aktueller und intensiver denn je zu sein. Zumindest in privaten Kreisen. Der ewige Streit unter den Besitzern hängt mir mittlerweile mächtig zum Halse raus. Deshalb möchte ich hier für Klarheit sorgen und die Vor- und Nachteile beider Antriebe aufzeigen.

Eine Sache ist so klar wie das Amen in der Kirche: Den „besseren“ Motor gibt es nicht. Welches der bessere Motor ist, liegt im Auge des Betrachters und kommt auf die eigenen Anforderungen an, die man an das Fahrzeug hat. Meist wird jedoch mit unfairen Mitteln verglichen und bei der Argumentation einiger Dieselfahrer, wird sich auch nicht gerade mit Ruhm bekleckert.

Der Ruf des Dieselmotors, unzerstörbar und extrem langlebig zu sein, bewahrheitet sich leider schon lange nicht mehr. Er kommt noch aus Zeiten, wo der Diesel ausschließlich als Nutzmaschinenantrieb und Zugmaschine eingesetzt wurde. Kein Wunder. Denn was ihm heute mit Kurzstreckenfahrten, mehrfacher Turboaufladung und Downsizing abverlangt wird, ist einfach nicht mehr das, wofür er seine Daseinsberechtigung ursprünglich hatte. Natürlich gibt es manche Dieselmotoren von dem ein oder anderen Hersteller, die mehr Haltbarkeit aufweisen und dann wiederum welche, bei denen es nicht so ist. Genau wie bei Benzinmotoren natürlich auch. Fakt ist allerdings, dass die Lebensdauer eines modernen Dieselmotors drastisch gesunken ist und mittlerweile unter der eines klassischen Saugbenziners liegt. Und beim Stichwort Saugbenziner haben wir schon den ersten Knackpunkt. Das hauptsächliche Problem bei den meisten Vergleichen ist, dass die Dieselbefürworter, Automagazine usw. meist Äpfel mit Birnen vergleichen. Es steht oft ein Saugbenziner gegen einen turboaufgeladenen Diesel. Einleuchtend, denn um die Leistung eines einfachen Saugbenziners zu erreichen, muss ein Diesel bei gleichem Hubraum bereits turboaufgeladen werden. Das ist allerdings nicht ganz fair, denn wie wir ja wissen, hat ein turboaufgeladener Motor deutliche Vorteile. Egal ob es ein Diesel oder ein Benziner ist. Nehmen wir als Vergleich ganz normale Motoren von VW-Modellen, die uns täglich begegnen. Der Golf V. In ihm war nicht nur einer der letzten Saugdieselmotoren unterwegs, sondern direkt auch ein Benziner im Angebot, welcher genau die gleiche Leistung generiert hat. Dies tat er jedoch bei deutlich weniger Hubraum.

VW Golf V

	Saugbenziner	Saugdiesel
Hubraum	1.4 L	2.0 L
Leistung	75 PS	75 PS
Drehmoment	126 Nm	140 Nm
Beschleunigung	14,7 s	16,3 s
Vmax	164 Km/h	163 Km/h

Tatsächlich entwickelt der Diesel hier ein wenig mehr Drehmoment. Das liegt allerdings nicht unbedingt an der Kraftstoffart, sondern daran, dass er ganze 600 Kubikzentimeter mehr Hubraum hat, die der Benziner wiederum weniger benötigt, um auf die gleiche Leistung zu kommen. Beide Motoren generieren 75 PS und nahezu das gleiche Drehmoment. Doch der Benzinmotor benötigt hierfür nur 1.4 Liter und das ohne Turboaufladung. Trotz dessen, dass der Diesel ein wenig mehr Drehmoment hat, ist er auf 100 Km/h deutlich langsamer. Würde man den Hubraum des Benzinmotors nun auf den des Diesels erhöhen, also auf 2.0 Liter, könnte dieser noch eine ganz andere Leistung entwickeln. 150 PS sind für einen normalen Saugbenziner mit 2.0 Liter ein ganz gewöhnlicher Leistungsbereich. Erhöht man dann ein wenig die Drehzahl und verpasst ihm ein paar sportlichere Komponenten, die seine Lebensdauer nicht zwingend verkürzen, steigt seine Leistung deutlich darüber. Subaru und Toyota haben aktuell einen 2.0 Boxermotor im Programm, welcher im GT86 und im BRZ eingesetzt wird und 200 PS und 205 Nm leistet. Honda hat bereits 1999 im Modell S2000 einen 2.0 Motor mit ganzen 241 PS und 208 Nm auf den Markt gebracht. Alles ganz ohne Turboaufladung. Man sieht hier deutlich, was bei Benzinern und was bei Dieselmotoren möglich ist. Einer der Vorteile vom Benziner sind ganz klar die hohen möglichen Drehzahlen. Diese hat sein Konkurrent nicht, denn aufgrund des frühen Drehmomentabfalls sind sie schlichtweg überflüssig. Dafür hat er aber wiederum auch den Vorteil, dass er eben gar nicht wirklich auf Drehzahl kommen muss. Das maximale Drehmoment liegt beim Diesel schon deutlich früher an.

Eigenschaften im Vergleich

	Benzinmotor	**Dieselmotor**
Leistungs-ausbeute	Gut	Schlecht
Drehmoment	Gut	Gut
Drehzahlband	Gut	Schlecht
Motorlauf	Gut	Schlecht
Kraftstoff-verbrauch	Schlecht	Gut
Kraftstoffkosten	Schlecht	Gut
Wirkungsgrad	Schlecht	Gut
Reichweite	Schlecht	Gut
Langstrecken-eignung	Gut	Gut
Kurzstrecken-eignung	Mittelmäßig	Schlecht
Klangbild	Gut	Schlecht
Lärmentwicklung	Mittelmäßig	Schlecht
Umwelt-belastung	Gut	Schlecht
Zugeigenschaft	Schlecht	Gut
Gewicht	Mittelmäßig	Schlecht
Herstellungs-kosten	Mittelmäßig	Schlecht

Beim Dieselmotor will man eine hohe Zündwilligkeit des Gemisches erreichen. Durch die deutlich höhere Verdichtung als beim Benziner, entsteht Hitze. Diese lässt das Gemisch schlagartig selbstentzünden. Daher wird das Drehmoment deutlich brachialer auf die Kurbelwelle übertragen. Dies sorgt neben der Turboaufladung beim Diesel auch für das starke Beschleunigungsgefühl.

Im Brennraum des Benzinmotors hingegen, wird das Kraftstoff-Luft-Gemisch über elektronische Steuerung, kontrolliert gezündet. Deshalb ist der Benziner deutlich kultivierter und laufruhiger. Sein Drehmoment fühlt sich aber dafür nicht ganz so brachial an. Auch die Klangkulisse bei Motoren mit gleich vielen Zylindern wird unter anderem durch diesen Vorgang beeinflusst.

Heutige Dieselmotoren leben ausschließlich vom Turbolader. Viele Besitzer wollen das scheinbar aber einfach nicht wahr haben. Zumindest bekommt man das Gefühl, wenn man ihnen so zuhört. Aber Diesel ist nicht gleich Diesel. Spricht man heutzutage von einem solchen Aggregat, ist dieses immer turboaufgeladen. Und dies führt auch erst zu dem so hochgelobten Drehmoment der Dieselmotoren. Ohne Turbolader ist das Drehmoment auch nur marginal höher als bei einem Saugbenziner. Wenn überhaupt. Gehen wir in unserem Vergleich deshalb nun auf zwei turboaufgeladene Motoren. Bleiben wir beim VW Golf und schauen uns an, wie die Leistungsausbeute bei modernen, aufgeladenen 2.0-Liter-Maschinen ist.

VW Golf VII

	Turbobenziner	Turbodiesel
Modell	R	GTD
Hubraum	2.0 L	2.0 L
Leistung	310 PS	184 PS
Drehmoment	400 Nm	380 Nm
Beschleunigung	4,6 s	7,6 s
Vmax	>250 Km/h	230 Km/h

Im Idealfall ist der Benziner ganze drei Sekunden schneller. Auf der Rennstrecke, der Viertelmeile oder sonst wo, wo es um Zeiten geht, ist das eine utopisch hohe Ewigkeit! Obwohl der Diesel beinahe genau so viel Drehmoment erzeugt und sogar weniger wiegt als der R, spielt er dennoch in einer viel niedrigeren Liga. Das liegt daran, dass die Dieselmotoren bei gleichem Hubraum und gleichem Drehmoment einfach deutlich weniger Leistung generieren als die Benziner. Hieran erkennt man auch ganz klar, dass Drehmoment eben nicht alles für die Beschleunigung ist, wie es viele Dieselfahrer immer so stolz behaupten. Ganz im Gegenteil. Es ist eher die Leistung, die entscheidend ist. Auch wenn man das nicht immer spüren kann. Übrigens beweisen dies auch schon simple physikalische Formeln. Bei Verbrennungsmotoren ist Drehmoment immer proportional zur Leistung und somit davon abhängig, genau wie auch von der Drehzahl.

Apropos Drehzahl. Durch sein kurzes Drehzahlband benötigt der Diesel außerdem viel früher einen Gangwechsel, als ein Benziner, um auf die gleiche Geschwindigkeit zu kommen. Wer schon mal beispielsweise in dem eben erwähnten Golf VII GTD oder in einem Škoda Oktavia RS TDI (gleicher Motor), gefahren ist und testen wollte, was die Hütte so drauf hat, dem wird aufgefallen sein, dass ihm nach 100 Km/h die Puste ausgeht. Bei lediglich 184 PS auch kein Wunder. Wobei es hier auch deutlich sportlichere Vertreter im selben Leistungsbereich gibt. Das mag vielleicht nicht jeder so empfinden, aber wer schnelle Autos gewohnt ist, wird das merkbar feststellen dürfen. Doch nicht nur oben heraus fehlt dem Diesel die Leistung. Auch unterhalb der magischen 100-Km/h-Grenze ist ihre Performance keine Glanzleistung und von einem turboaufgeladenem Motor normalerweise deutlich besser zu erwarten.

Natürlich gibt es auch moderne Dieselmotoren, die genau diese Erwartungen erfüllen. Vor allem die Sechszylinder von den Deutschen Premiummarken im Bereich der oberen Mittelklasse (Audi A6, BMW 5er, Mercedes-Benz E-Klasse) sind bärenstarke Aggregate. Dafür sind diese wiederum inzwischen sehr hochgezüchtet. Wie bereits erwähnt, setzt BMW beispielsweise auf vier Turbolader, um aus 3.0 Liter Diesel-Hubraum ganze 400 PS rauszuprügeln. Bei Audi gibt es mittlerweile von den modernen Generationen des A6 und des A4 in der Sportversion seit neustem auch Turbodiesel, deren Leistung und Performance den Benzinern mittlerweile recht ähnlich ist. Was die Fahrwerte betrifft, unterscheiden sie sich nur noch minimal von den Benzinern. Man darf allerdings nicht vergessen, dass die Benziner hier bei gleicher oder höherer Leistung, deutlich weniger hochgezüchtet sind. Dennoch macht sich auch den Sechs- und Achtzylinderdieselmotoren nur ein geringer Drehmomentvorteil dem Benziner gegenüber bemerkbar, sofern man gleiches mit gleichem vergleicht. Schauen wir uns deshalb zum Vergleich die derzeit am meisten hochgezüchteten Benzin- und Dieselmotoren in verschiedenen Fahrzeugklassen an.

Vergleich nach Drehmoment

Benziner	**Diesel**
Audi RS4 B9	**Audi S4 B9 TDI**
V6TT 450 PS, 600 Nm, 4,1s	V6TD 347 PS, 700 Nm, 4,8s
Porsche 911 991 GT2 RS	**BMW G30 M550d**
3.8 B6TT 700 PS, 750 Nm, 2,8s	3.0 R6TTTT 400 PS, 760 Nm, 4,4s
Mercedes-Benz W213 E63 AMG S	**Audi SQ7 4M**
V8TT 612 PS, 850 Nm, 3,4s	V8TTD 435 PS, 900 Nm, 4,8s

Obwohl die Benzinmotoren alle viel mehr Leistung und Performance bringen, haben sie doch ein geringfügig schwächeres Drehmoment. Die ganzen Vergleiche zeigen aber auch deutlich: Würde man von gleichen Motorleistungen, also PS-Zahlen ausgehen, hätte natürlich der Diesel parallel deutlich mehr Drehmoment zu bieten.

Vergleich nach Leistung

Benziner	Diesel
Audi S4 B9 TFSI	**Audi S4 B9 TDI**
V6T 354 PS, 500 Nm, 4,7s	V6TD 347 PS, 700 Nm, 4,8s
Opel Astra J EcoFlex	**Opel Astra J CDTI**
R4T 200 PS, 300 Nm, 7,9s	R4TTD 195 PS, 400 Nm, 7,8s
Alfa Romeo Giulia MultiAir	**Alfa Romeo Giulia Multijet**
R4T 200 PS, 330 Nm, 6,6s	R4TD 190 PS, 450 Nm, 6,9s
VW Golf VII TSI	**VW Golf VII TDI**
R4T 150 PS, 250 Nm, 8,2s	R4TD 150 PS, 340 Nm, 8,6s

Nutzt man also für den Vergleich zwischen Benzinern und Dieselmotoren Modelle mit der gleichen Leistung, so ist meist der Diesel im Vorteil beim Drehmoment. Dies macht ihn dennoch, in den meisten Fällen, nicht schneller. Nutzt man für den Vergleich aber gleiches Drehmoment oder gleichen Hubraum, so ist der Benziner deutlich im Vorteil in Sachen Leistung.

Die meisten Menschen glauben, sie bräuchten bereits einen Diesel, wenn ihr Arbeitsweg länger als 10 Km am Tag ist. Dies ist ein Irrglaube. Wer wirklich einen Diesel braucht, dem würde ich ihn auch jederzeit empfehlen. Aber tatsächlich besteht die Menge an Menschen, die wirklich einen benötigen, aus lediglich einem ganz kleinen Prozentsatz. Ich würde einen Diesel wirklich nur in zwei Fällen empfehlen.

1. Wenn man oft Anhänger oder andere Lasten ziehen muss. Denn aufgrund seines niedrigen Drehzahlbandes und der kleineren Übersetzung eignet er sich dafür besser. Außerdem darf man bei gleichbleibender PS-Leistung den Drehmomentvorteil nicht vergessen. Deshalb würde ich auch ausschließlich in einem SUV oder einem Pick-Up aufgrund des hohen Gewichts und des miserablen Luftwiderstandes einen Diesel präferieren. Vorausgesetzt er hat auch genug Leistung und genug Zylinder.

2. Wenn man tatsächlich so viele Kilometer jährlich fährt, dass sich ein Dieselmotor auch rein rechnerisch lohnt. Dafür müssen die Kraftstoffkosten höher sein, als die Steuer und die Reparaturen bei einem Benziner. Denn beim Benziner ist der Kraftstoff teurer, dafür aber die Kraftfahrzeugsteuer und in der Regel auch die Reparaturkosten etwas günstiger. Wobei man letzteres heutzutage bei beiden Motorarten auch nicht mehr genau sagen kann, aufgrund der immer mehr eingebauten Elektronik und der Hochzüchtung durch empfindliche Turbolader usw.

Wusstet ihr übrigens, dass es neben den tri- und quadturboaufgeladenen Dieselmotoren bei BMW, noch weitere Dieselaggregate gab, die schlichtweg aufgrund ihrer Seltenheit und Besonderheit richtig „cool“ waren? Bei VW gab es in der ersten Generation des Touareg einen 5.0 V10 TDI (eigentlich hatte er 4.92 Liter), der in der Normalversion 313 PS und 750 Nm leistete. Er war auch die Basis für die offizielle Höchstmotorisierung des Touareg I: Der R50. Er hatte den gleichen Motor, allerdings mit 350 PS und 850 Nm. Trotz der Leistung und des Drehmoments schaffte er aufgrund der schlechten Performance der SUV nur eine Beschleunigung von 6,7 Sekunden auf 100 Km/h und eine Endgeschwindigkeit von 235 Km/h. Dies sind in etwa die Fahrwerte eines BMW E36 323i (170 PS, 245 Nm) aus Anfang der 90er-Jahre. Nicht gerade weltbewegend und selbst mit modernen SUV verglichen, grottenschlechte Fahrwerte. Trotzdem war der R50 einfach cool. Er bekam alles ab Werk, was ein richtiger R nun mal hatte. Von einer auffälligeren Optik, bis hin zu großen Alufelgen war das gesamte Paket der R-GmbH am Start.

Darüber hinaus gab es etwas später von Audi im Q7 4L (ebenfalls die erste Generation) sogar einen 6.0 V12 TDI (eigentlich nur 5.93 Liter). Er leistete 500 PS und sage und schreibe 1.000 Nm Drehmoment. Man stelle sich nur ein mal vor, was dieses Ungetüm geleistet hätte, wenn es so hochgezüchtet wäre wie beispielsweise ein aktueller Sechszylinderturbodiesel im oberen Mittelklassenbereich. Natürlich sind dies völlig wahnwitzige und überflüssige Maschinen, die auch fast niemand gekauft hat. Aber es ist einfach cool, dass ein Automobilhersteller so etwas mal gemacht hat. Den V12 TDI hätte ich zu gerne mal in einem Sportwagen gesehen. Lange Zeit wurde Wirbel um eine Konzeptversion des Audi R8 gemacht, die diesen Motor bekommen sollte. Allerdings ging sie dann letztendlich leider doch nie in Serie.

Vermutlich werde ich mit diesem Buch den bundes- oder gar weltweiten Streit zwischen „Benzinköppen" und Dieselfreunden nicht beilegen können. Aber Fakt ist, dass beide Motoren ihre Vor- und Nachteile haben. Welches Aggregat man bevorzugt, ist auch immer eine Frage dessen, was man benötigt. Fakt ist allerdings auch, dass ihr aus einem Vierzylinderdiesel keine Rennmaschine machen könnt. Und sofern ihr keine Rennmaschine habt, sondern eben tatsächlich nur einen Vierzylinderdiesel, preist ihn bitte auch nicht als eine solche an. Auch wenn er sich durch den Turbopunch schnell anfühlt, unterm Strich ist er in Sachen Sportlichkeit eher fehl am Platz. Denn der Diesel hat nun mal andere Vorzüge. Will man dann noch die Vorteile eines Benziners hinzufügen, geht das zwangsläufig auf die Haltbarkeit des Motors. Durch die vielen Kurzstreckenfahrten und die immer höhere Leistungsausbeute hat der heutige Dieselmotor eine seiner wichtigsten Eigenschaften verloren. Die solide Arbeitermaschine ist er bereits seit Jahren nicht mehr. Fahrt ihr überwiegend Kurzstrecke und juckelt viel in der Stadt herum, dann ist für euch eher ein Benziner geeignet. Ob mit oder ohne Turbolader ist dann noch mal eine Frage von anderen Prioritäten. Das gleiche gilt auch für Menschen, die Sportversionen oder eine charakteristische Klangkulisse bei ihrem Aggregat präferieren. Der Selbstzünder ist eher für Langstreckenfahrten und Vielfahrer geeignet. Hier kann er seine Stärken zum Beispiel in Form von deutlich niedrigerem Kraftstoffverbrauch ausleben. Doch auch das muss sich erst mal lohnen, denn Dieselfahrzeuge sind meist in der Anschaffung etwas teurer und dazu noch mit einer höheren Steuer belastet. Ob sich ein Diesel lohnt oder nicht, lässt sich meist mit einer einfachen Faustformel beantworten. Je nach Steuerhöhe, Anschaffungspreis und Reparaturkosten sagt man, dass sich ein Diesel ab 20.000 bis 30.000 Kilometern im Jahr lohnt. Die meisten Menschen die Dieselmotoren fahren, kommen irrsinnigerweise bei weitem nicht auf diese Laufleistung. Mit einer simplen Rechnung lässt sich herausfinden, ob sich ein Diesel lohnt oder eben nicht. Doch scheinbar ist das den meisten Menschen schon zu anstrengend und stattdessen lassen sie sich lieber von anderen bequatschen. Das Ende vom Lied ist dann oft, dass sie vor anderen versuchen das schönzureden, was sie dann zwar besitzen, aber eigentlich gar nicht mehr haben wollen. Und dann ist dieser surreale und irrationale Moment gekommen, wo am Stammtisch in der Kneipe dann plötzlich der 150-PS-Diesel zur absoluten Rennmaschine gepriesen wird und Aussagen getätigt werden, dass er mit seinem Drehmoment jeden R, jeden AMG, jeden M, jeden RS und so weiter, abziehen könnte...

Elektrofahrzeuge

Topaktuell und immer noch brandheiß in Politik und Wirtschaft ist das Thema Elektroautos. Nicht nur die Politiker versuchen im Sinne zur Rechtfertigung ihrer Daseinsberechtigung auf den grünen Zug aufzuspringen. Auch die Automobilhersteller entwickeln überwiegend Projekte in die elektromotorisierte Sparte und haben vereinzelt schon Modelle auf den Markt gebracht. Man sieht diese zwar selten, aber es gibt sie. Der Nissan Leaf (109 PS, 150 PS, 218 PS), der BMW i3 (170 PS, 184 PS), der VW ID.3 (204 PS), der Renault ZOE (58 PS – 135 PS) oder der Peugeot e-208 II (135 PS). Sie alle sind reine Elektrofahrzeuge, ohne zusätzlichen Verbrennungsmotor. Erneut greift bei diesem Thema die, mittlerweile wirklich stupide gewordene Politik, den Stützpfeiler der Deutschen Wirtschaft an.

Zuerst war es der Dieselskandal, der in meinen Augen wohlbemerkt gleich auf zweierlei Arten Schwachsinn war. Einerseits war es bei weitem nicht nur der VAG-Konzern der mit seiner Software bei den Dieselmotoren betrogen hat. Renault, Daimler, Fiat und Opel (damals noch unter General Motors) haben ebenfalls mit dem Feuer gespielt und auf gut Deutsch gesagt: Genau so beschissen! Und unter diese Konzerne fallen nicht nur die gleichnamigen Automobilhersteller, sondern auch Marken wie Mercedes-Benz, Smart, Fiat, Alfa Romeo, Dodge, Chrysler, Nissan, Mitsubishi oder Dacia. Der Betrug dieser Konzerne wurde von Behörden, Automobilzeitschriften und anderen Instituten aufgedeckt und zahlreich nachgewiesen. Natürlich wurde das Ganze auch publik gemacht. Aber als VW, Audi, Porsche und die anderen VAG-Marken schon zu tief in der Misere drinsteckten, interessierte plötzlich niemanden mehr, was mit den anderen Autobauern ist. Und ihr, die Deutschen, stürzt euch auch noch wie die Geier auf diesen Skandal und merkt gar nicht, auf welch dünnem Eis ihr euch damit bewegt. Unsere mächtige Wirtschaftsnation baut auf der Chemieindustrie, Automobilzulieferern und Technik auf. Aber alles steht und fällt letztendlich mit der Automobilindustrie. Wenn der Aktienkurs von VW mal um ein paar Punkte sinkt, fangt ihr direkt an zu jammern, wegen der schlechten Konjunktur, neu eingesparter Arbeitsplätze und der paar Euros die eure Aktien an Wert verlieren. Wenn jedoch die Amerikaner die Deutsche Wirtschaft auf verheerende Art und Weise angreifen und diesen lächerlichen Dieselskandal publik machen, macht ihr einfach mit, damit ihr am Stammtisch ein neues Thema habt, über das ihr euch das Maul zerreißen und eine anprangernde Meinung kundtun könnt. Den Image-Schaden, den ihr dabei verursacht, bemerkt ihr allerdings nicht. Stellt euch nur mal für einen Moment vor, was in der Deutschen Wirtschaft los wäre, wenn der Volkswagenkonzern mit all seinen Marken vor die Hunde ginge. Und damit auch die ganzen Automobilzulieferer, die dort mit dranhängen. Continental Reifen und Automotive, Bosch usw. Das sind Weltkonzerne, aus dem DAX, die von der Automobilindustrie hundertprozentig abhängig sind. Sie produzieren zwar nicht ausschließlich für die Automobilhersteller, aber zum größten Teil und wenn diese Abnehmer verloren gehen und damit auch der Hauptumsatz, können sich die Konzerne nicht allein über die kleinen, unbedeutenden Sparten retten. Da ich selbst unter anderem für einen der weltweit führenden Automobilzulieferer tätig bin, bekomme ich die Auswirkungen hautnah mit. Auch hier sind deutliche Einbrüche durch die Konjunkturschwankungen in der Automobilindustrie zu vernehmen. Und diese sind aktuell nun mal leider der Politik im eigenen Lande geschuldet. Früher gab es lediglich mal alle paar Jahre eine neue Euronorm, an die sich der Autobauer dann halten musste. Kaltlaufregeler, Katalysatoren, Rußpartikelfilter und vieles mehr, wurde zum Standard. Heute allerdings wird solch ein Aufriss um die angebliche Umweltverschmutzung durch Dieselfahrzeuge gemacht, dass der Endkunde plötzlich gar nicht mehr weiß, welches Auto er überhaupt noch kaufen soll. Oder besser gesagt: Welches Auto er überhaupt kaufen kann! Denn in welche Stadt er in zwei Jahren damit überhaupt noch reinfahren darf, weiß er leider nicht.

Vor 15 Jahren hieß es noch: „Leute kauft Dieselfahrzeuge! Das sind die effizientesten und sparsamsten Fahrzeuge überhaupt. Außerdem ist der Kraftstoff viel günstiger und die Reichweite deutlich höher!“ Stimmt! Dies sind nun mal die unbestreitbaren Vorteile, die der Dieselmotor aufweist. Wie jeder andere Motor auch seine ganz eigenen Vor- und Nachteile besitzt. Doch diese sinnfreie Hetzjagd, die mittlerweile ausgebrochen ist, ist doch geradezu grotesk. Wisst ihr was für eine Umweltverschmutzung im Vergleich zu den Dieselemissionen allein die Silvesternacht verursacht? Die Emissionsmessstationen sind während dieser Zeit so dermaßen am Eskalieren, dass sie gar nicht mehr in der Lage sind zu messen. Einige von ihnen müssen während der Silvesternacht sogar abgeschaltet werden. Oder wusstet ihr, dass es gigantische Kraftwerke gibt, die den ganzen Tag nichts anderes machen, als industriellen Ruß zu fertigen? Dazu verbrennen sie auf eine sehr ineffiziente Art und Weise, da sonst kein Ruß entsteht, Erdöl und Sauerstoff. Aber Hauptsache der Dieselmotor, dessen Hauptemissionsprodukt nun mal Ruß ist, wird einer regelrechten Hetzjagd unter-

zogen. Und plötzlich sind all die positiven Dinge des Dieselmotors hinfällig und es heißt: „Leute, kauft Elektroautos! Das ist die Zukunft. Und werdet bloß eure umweltverpestenden Diesel los!“ Dass diese bösen, bösen Diesel aber zumindest bei einigen Fahrern ihren Sinn und Zweck korrekt erfüllen und die sinnvollste Wahl sind, interessiert offenbar auch niemanden mehr. Auch in meinem weiteren Bekanntenkreis habe ich mitbekommen, wie Leute sich geradezu verrückt machen lassen und krampfhaft versuchen, ihre topmodernen, hoch ausgestatteten und teuer bezahlten Dieselfahrzeuge loszuwerden.

Selbst die Rationalsten unter euch lassen sich so von der Masse und der politischen Hetze treiben, dass sie ihren alten Diesel abgeben und sich für die Premie der Automobilhersteller einen völlig überteuerten Neuwagen mit einem untermotorisiertem Benziner kaufen. Oder sie versuchen ihren noch fast neuen Diesel bei einem Händler in Zahlung zu geben und jammern dann lautstark, weil die Händler alle sagen: „Tut mir wirklich Leid, Herr Müller. Dafür können wir Ihnen nicht mehr viel geben. Die schlechten Abgaswerte... Sie wissen ja...“ Und das, obwohl es sich teilweise noch fast um Neufahrzeuge handelt. Ihr lasst euch dann darauf ein und zahlt wieder viele Tausend Euro drauf. Statt den Schuldigen, verflucht ihr dann den Autohersteller. Ganz nebenbei wird dann im Hintergrund vom Staat auch mal wieder die KFZ-Steuer angehoben. Und komischerweise beschäftigt sich die Politik auch nur mit dem CO2-Ausstoß, der in Sachen Umweltaspekten das geringste Problem des Diesel ist. Die Stickoxide, welche bei magerer Verbrennung (zu wenig Kraftstoffanteil im Gemisch) entstehen, sind die eigentlich giftigen

Stoffe der Emissionen. Diese lassen sich allerdings mit Harnsäure unschädlich machen. Wenn jeder zusätzlich „AdBlue“ tankt, denn unter diesem Namen wird sie als Harnstofflösung am Markt verkauft, würde der Diesel lediglich noch seinen ganz normalen CO2-Ausstoß haben, wie der Benziner auch. Mir ist sogar mal von einem wütenden Dieselfahrer zu Ohren gekommen, dass er in seinen Tank pinkeln wollte. Ob das allerdings dann so einfach funktioniert hat, ist eine andere Sache. Und nun soll der Elektromotor das Allerheilmittel des Dieselskandals sein.

Nachdem der Volkswagen-Konzern die letzten Jahre einige Sportcoupés wie den Audi TT, den Audi R8 oder den VW Scirocco eingestampft hat, kündigte Audi nun doch wieder einen neuen R8 an. Allerdings soll dieses Modell rein elektrisch angetrieben werden. Im Vergleich zu seinem vorherigen Lamborghini-V10-Motor wird der R8 dadurch erheblich an Charakter verlieren. Was die Fans dazu sagen werden, bleibt abzuwarten. Meiner Ansicht nach, hat sich der Elektromotor mehr als unterstützendes Aggregat unter Beweis gestellt. Ein großartiges Beispiel ist die Neuauflage des Honda NSX. Mit einem 3.5 Liter V6 Biturbo und drei Elektromotoren produziert er eine Gesamtleistung von 581 PS. Jedoch entfaltet er ein vergleichsweise niedriges Drehmoment von maximalen 646 Nm. Für drei Elektromotoren, kombiniert mit einem hubraumstarken Benziner und zwei Turboladern ist dies sehr wenig Drehmoment. Dennoch schafft er den Sprint auf 100 Km/h in bahnbrechenden 2,9 Sekunden. Zum Vergleich: Ein Lamborghini Aventador schafft dies ebenfalls, benötigt dafür allerdings 700 PS. Sportlich, aber dezent ruhiger lässt es dagegen der BMW i8 angehen. Sein turboaufgeladener Dreizylinder generiert mit der Kräftigung von lediglich einem Elektromotor 374 PS und ansehnliche 570 Nm. Diese verhelfen ihm zum 0-100-Km/h-Sprint in 4,4 Sekunden. Ich bin mir fast sicher, dass auch BMW irgendwann ein Supercar in Hybridform auf den Markt bringen wird. Zum Beispiel ein turboaufgeladener Reihensechszylinder und zwei Elektromotoren, die dann zusammen 700 PS drücken. Aber auch dies bleibt abzuwarten. Absolut ans Limit gehen dagegen die berühmten Hypercars der „heiligen Dreifaltigkeit“, wie sie im inoffiziellen Top-Gear-Nachfolger „The Grand Tour“ genannt werden. Es handelt sich um den Britischen McLaren P1, den Deutschen Porsche 918 und den Italienischen Ferrari LaFerrari. Diese Fahrzeuge bilden aktuell die Spitze der modernen Automobiltechnologie. Ihre unfassbare Performance ist beinahe kaum noch schlagbar. Modernste Technik von Verbrennungsmotoren, kombiniert mit mehreren Elektromotoren, lassen diese Fahrzeuge auf der Straße geradezu wüten. Nachfolgend findet ihr eine Tabelle mit diesen irrsinnigen Wunderwerken der Hybridtechnologie und ihren interessantesten Fahrwerten. Auch die drei der „Holy Trinity“ sind selbstverständlich Gegenstand des Vergleichs.

Hybrid-Hypercars

Fahrzeug	Gesamtleistung	Leistung Verbrenner	Leistung E-Motor	Zeit	Vmax
Koenigsegg Regera	1.509 PS	1.115 PS	394 PS	2,8 s	410 Km/h
Ferrari SF90 Stradale	1.000 PS	780 PS	220 PS	2,5 s	340 Km/h
Ferrari LaFerrari	963 PS	800 PS	163 PS	<3,0s	>350 Km/h
McLaren P1	916 PS	737 PS	179 PS	2,8 s	>350 Km/h
Porsche 918	887 PS	608 PS	279 PS	2,6 s	345 Km/h
Honda NSX	581 PS	459 PS	122 PS	2,9 s	308 Km/h
BMW i8	374 PS	231 PS	143 PS	4,4 s	>250 Km/h

In normalen Hybridfahrzeugen die nicht dem Supersportwagensegment gewidmet sind, wie dem Toyota Corolla (1.8 R4E, 122 PS und 2.0 R4E, 180 PS), dem Audi A3 e-tron und dem VW Golf VII GTE (1.4 R4TE, 204 PS) oder dem Opel Ampera (1.4 R4E, 150 PS) erweisen sich die Elektromotoren ebenfalls als hilfreich. Diese Fahrzeuge sind wahnsinnig kraftstoffsparend und umweltschonend. Doch dem Performance-Fan sei gesagt, dass sie nicht gerade mit guten Fahrwerten gesegnet sind, was nicht zuletzt auch an ihrem hohen Gewicht liegt. Dies gilt auch gleichzeitig für rein elektrisch betriebene Fahrzeuge.

Elektromotoren sind effizient und haben einen Wirkungsgrad von ca. 90% - 98%. Moderne Turbodiesel liegen bei 40% - 45% und moderne Turbobenziner hingegen haben nur eine Effizienz von 35% - 40%. So hoch ihre Leistungsausbeute auch sein mag und so ungeschlagen ihre Performance auch ist, so schlecht ist ihr Wirkungsgrad. Damit ist das Verhältnis gemeint, zwischen dem, was in den Motor hineingegeben wird, also das Antriebsmittel, Ottokraftstoff, Diesel, Gas, Strom, Kerosin usw., und dem, was im Motor umgesetzt wird und wieder herauskommt. Auch Pneumatik- oder Hydraulikmotoren haben beispielsweise einen deutlich höheren Wirkungsgrad. Aber warum fahren wir dann überhaupt mit Verbrennungsmotoren? Darauf gibt es eine simple Antwort: Das einfache Mitführen der Antriebsenergie. Erstens haben Benzin- und Dieselkraftstoffe eine sehr hohe Dichte an Energie, wodurch die Reichweite recht hoch wird. Und zweitens benötigt man lediglich einen Tank und den Kraftstoff selbst, um ihn mit sich zu führen. Bei einem Elektroauto hingegen, sieht dies ganz anders aus. Hier bedient man sich dem Prinzip des Akkumulators. Umgangssprachlich auch Akku oder fälschlicherweise Batterie genannt. Er speichert, einfach ausgedrückt, den Strom und gibt ihn ab, wenn er benötigt wird. Dies geht allerdings nicht einfach über einen simplen Kraftstofftank. Aktuell werden in Elektroautos die leistungsstarken Lithium-Ionen-Akkus verwendet. Diese dürften wohl jedem von seinem Smartphone bekannt sein. Jedoch sind sie noch nicht weit genug entwickelt, um die Anforderungen eines Autos in der heutigen Zeit komplett erfüllen zu können. Gerade in sportlichen Fahrzeugen, die ausschließlich durch den Elektroantrieb versorgt werden. Darüber hinaus sind die

Anforderungen an die Akkumulatoren in Elektroautos nicht komplementär zueinander. Das heißt, die Ziele, eine hohe Reichweite zu haben, eine gleichmäßige und konstante Entladung und Leistungsabgabe zu haben, sowie bei Kickdown das volle Drehmoment und die volle Leistung über mehrere hundert Kilometer pro Stunde zu bringen, konkurrieren miteinander. Das Abrufen hoher Leistung verringert die Reichweite enorm. Dennoch kann das Ganze zumindest so gemanagt werden, dass die volle Leistung für zum Beispiel Sprints auf 100 Km/h mehrere Male komplett zur Verfügung steht, obwohl der Akku sich mit jedem Mal weiter leert. Lithium-Ionen-Akkus sind zudem mittlerweile in der Lage, extrem schnell wieder aufgeladen zu werden. Auch hierfür sind unsere heutigen Smartphones ein gutes Beispiel. Aber auch die Firma Tesla kann man inzwischen mit ihrem großartigem Lade-Management loben. Für einen schnelles Laden ist allerdings eine hohe Wandstärke der Akkumulatoren erforderlich, denn deren Innereien dehnen sich stark aus, je schneller sie aufgeladen werden und darüber hinaus entstehen durch die elektrochemischen Prozesse hohe Temperaturen in ihrem Inneren. Durch die verstärkten Wände wird das ohnehin schon hohe Gewicht des Akkumulator noch drastisch erhöht. Negativ ist auch, dass diese Formen der Energiespeicherungen eine schmutzige Wahrheit verbergen: Im Gegensatz zu den altbekannten Blei-Akkus sind die Lithium-Ionen-Akkus nur teilweise und deutlich schwieriger zu recyclen. Außerdem bekommt man für sie am Markt absolut nichts, weshalb sich auch gar nicht erst irgendein Unternehmen diese Mühe macht. Dennoch werden sie in Massen produziert.

Ein Elektrofahrzeug hat einen Kraftstoffverbrauch von 0,0. Und damit auch keine Emissionen. So heißt es zumindest, wenn der Autohersteller seine gesetzlich vorgeschriebenen Angaben unter seine Werbebilder setzt. Allerdings kann man den Stromverbrauch eines elektrisch betriebenen Fahrzeugs umrechnen. Je nach Motorisierung ergibt sich daraus ein Otto- oder Dieselkraftstoffverbrauch von 2,0 – 3,0 Litern auf 100 Km. Wissenschaftliche Prognosen rufen allerdings zur Warnung auf. Denn während die Politik alles auf „grün" umzustellen versucht, wären wir aktuell mit unserer immer schwächer werdenden Stromversorgung nicht mal in der Lage 50% aller in Deutschland befindlichen Autos mit genügend Strom zu versorgen, wenn man ein mal annähme, dass sie alle Elektrofahrzeuge wären. Keine Kohlekraft mehr. Keine Atomkraft mehr. Versteht mich nicht falsch. Ich bin auch dafür die Gefahren und die Entsorgungsprobleme der Atomkraft alternativ zu umgehen. Nur macht es keinen Sinn, wenn wir ein Atomkraftwerk nach dem anderen abstellen und unsere Nachbarstaaten wie Frankreich und co. ringsherum 20 neue Atomkraftwerke an der Deutschen Grenze bauen. Hier wäre ausnahmsweise tatsächlich mal EU-Politik gefragt. Stattdessen beschäftigt diese sich mit der Maut und geistreichen Themen wie, ob das Deutsche Brot zu salzhaltig ist. Außerdem ist die Atomkraft bewiesenermaßen auch ein relativ sauberer Stromproduzent.

Ein Kraftstoffverbrauch von 0,0 bedeutet gleichzeitig auch kein Ausstoß von Kohlenstoffdioxid und Stickoxiden. Soweit so gut, für die Umwelt. Der ökologische Fußabdruck eines Elektroautos sieht momentan leider noch ein wenig anders aus. Aufgrund der aufwendigeren Produktion, die sich auf das Fahrzeug an sich bezieht, vor allem aber auch auf die der benötigten Akkumulatoren, ist der ökologische Fußabdruck aktuell ungefähr zehn Mal schlechter, als bei einem dieselangetriebenem Auto.

Natürlich wird sich das mit der Zeit deutlich verbessern, je mehr sich die Produktion von Elektroautos entwickelt und je mehr Fahrzeuge gekauft werden. Doch eine nachhaltige Verbesserung kann hier nur erreicht werden, wenn sich solche Fahrzeuge auch am Markt etablieren und einen festen Anteil in Besitz nehmen. Die Politik bevorzugt dies zumindest momentan und scheint Verbrennungsmotoren, vor allem die Dieselaggregate, auf das Schärfste zu verurteilen. Viele Menschen prophezeien deshalb bereits das Aussterben des Verbrennungsmotors. Doch da haben sie die Rechnung ohne die Ölkonzerne gemacht. Ich persönlich glaube eher weniger, dass der Verbrennungsmotor durch den Elektromotor ersetzt und komplett verschwinden wird. Der Elektromotor wird einen Hype erleben und einen gewissen Marktanteil übernehmen. Aber die Zukunft des Automobils liegt woanders. Vor allem der Dieselmotor wird erheblich an Marktanteil verlieren, jedoch auch nicht hundertprozentig von der Bildfläche verschwinden. Die nächsten Jahre wird nach wie vor der turboaufgeladene Benzinmotor die Nase vorne haben und den Markt anführen. Und das finde ich persönlich auch ganz sympathisch so.

Bei den Themen „Hype“ und „Elektroautos“ denkt man aktuell natürlich sofort an einen bestimmten Namen: Tesla! Der Kalifornische Elektrosportwagenhersteller unter der Führung seines Erfinders und CEO „Elon Musk“. Der Herr, welcher oftmals in seinen Reden etwas größenwahnsinnig wird und so klingt, als wäre er ein leicht soziopathischer „Iron Man“ und könne mit seinem Unternehmen und dessen Technologie ein komplettes Land einnehmen, verspricht oftmals etwas zu viel über seine Produkte und schießt mit seinen Angaben und Vorstellungen oft übers Ziel hinaus. Leider springen viele Snobs und Elektroautofans auf diesen überheblichen Zug auf und halten Teslas Fahrzeuge scheinbar für Wunderwerke der Technik und gefühlt für die schnellsten Autos der Welt. Natürlich entspricht das nicht ganz der Realität. Nichtsdestotrotz lässt sich zumindest nicht abstreiten, dass Tesla recht schnelle Autos auf den Markt bringt. Was viele Menschen allerdings nicht wissen ist, dass das Unternehmen dabei ziemlich radikales Marketing betreibt. Beispielsweise gibt das Unternehmen bei seinen Fahrzeugen, wie es normalerweise nicht üblich ist, das Drehmoment am Rad an. Für gewöhnlich geben andere Hersteller grundsätzlich das Motordrehmoment an, welches stattdessen an der Kurbelwelle herrscht. Dies gilt für Benziner, Dieselmotoren, und auch für Elektromotoren. Das ist soweit nicht tragisch. Allerdings ist der Wert des Drehmomentes am Rad, verglichen mit dem Motordrehmoment, um ein Vielfaches höher. Durch die Übersetzung von Getriebe, Antriebswelle, usw. entsteht ein ganz neuer Wert. Die Beschleunigung ist allerdings exakt gleich. Es macht also eigentlich keinen Unterschied, ob das Fahrzeug mit Drehmoment am Rad gemessen wird oder mit Drehmoment an der Kurbelwelle. Bloß glaubt der unwissende Tesla-Kunde letztlich, dass sein Motor 6.000 Nm hätte. Denn vom Drehmoment am Rad spricht kein Mensch, außer Ingeneure und Physiker. Stattdessen sind es in Wirklichkeit aber nur 600 Nm. Der Kunde hingegen verbreitet allerdings fälschlicherweise stolz die Meinung, dass sein Elektromotor brachiale 6.000 Nm brächte. Habt ihr schon mal diese klassischen Schnösel erlebt, die einen Tesla fahren? Ich will natürlich nicht alle über einen Kamm scheren, aber meist haben sie absolut keine Ahnung von Autos, glauben aber mit ihren 300 PS jeden Supersportwagen restlos in die ewigen Jagdgründe schicken zu können. Nichtsdestotrotz sind die Fahrzeuge natürlich recht schnell. Klar! Denn was ebenfalls viele nicht wissen ist, dass auch die Leistung eines Elektromotors in Pferdestärken angegeben werden kann. Da allerdings Stromleistung in Watt angegeben wird, werden die Leistungsdaten von Elektromotoren oftmals direkt in Kilowatt (kW) angegeben. Doch mit diesen Zahlen können die meisten Menschen nichts anfangen. Rechnet man sie allerdings um in PS, sieht man, dass die Fahrzeuge der Produktpalette von Tesla zwischen 235 PS und 773 PS leisten. Da ist es selbstverständlich, dass sie keine langsamen Krücken sind, zumal ein guter Elektromotor auch in der Lage ist, sehr viel Drehmoment zu entwickeln. Gemessen an der Kurbelwelle, wohlbemerkt. Jedoch wiegen Elektroautos wiederum sehr viel, durch das hohe Gewicht der Akkumulatoren. Die Frage ist also, wie gut ist ihre Performance, bei viel Gewicht und gleichzeitig viel Leistung? Und das möchte ich euch in den nachfolgenden Seiten anhand einiger echter Daten und umfangreichen Beispielen zeigen.

Die Jungs des bekannten Britischen YouTube-Kanals „carwow" (2,6 Millionen Abonnenten, Stand 2019), die regelmäßig alle möglichen Sportwagen und hoch motorisierten Fahrzeuge bei Dragraces gegeneinander antreten lassen, gehören unter anderem zu denen, die dem Performance-Mysterium Tesla auf den Grund gegangen sind. Und dies zur Abwechslung mal auf sinnvolle Art und Weise mit mehr als fairen Vergleichen. Anhand von Realbeispielen wollten sie herausfinden, was die Elektrosportler tatsächlich können. Die Jungs ließen einen Tesla Model 3 Performance gegen einen BMW M4 Coupé und einen Audi RS4 Avant antreten. Alle drei die neusten Vertreter ihrer Art.

carwow

	Audi RS4 B9 Avant	**BMW M4 F82**	**Tesla Model 3 Performance**
Leistung	450 PS	431 PS	460 PS
Drehmoment	600 Nm	550 Nm	639 Nm
0-100	4,1 s	4,1 s	3,4 s
Vmax	>280 Km/h	>280 Km/h	261 Km/h

Die Ergebnisse waren äußerst interessant. Im ersten Dragrace mit stehendem Start sind wie man es auch erwarten müsste, die Allradler am besten weggekommen. Dadurch hatte der BMW das Nachsehen. Während der Tesla mit der Nase vorne war, wie sein Datenblatt auch verspricht, ordnete sich der Audi in der Mitte ein. Der BMW kam auf dem kurzen Dragstrip aufgrund seiner Traktionsprobleme kaum wirklich hinterher, während der Audi sogar noch leicht zurückfiel. Hier hat der Tesla vorerst das Rennen ganz klar gewonnen. Denn er hat beim stehenden Start nicht nur den Traktionsvorteil des Allradantriebes, sondern auch den des Elektromotors, der sein Drehmoment sofort zur Verfügung hat. Als dann aber beim zweiten Durchlauf ein fliegender Start bei 50 mph (80 Km/h) durchgeführt wurde und kein Allradvorteil mehr bestand, hat der M4 den Audi sofort hinter sich gelassen und wenig später auch den Tesla eingeholt. Mit boshafter Miene zog er am Model 3 vorbei und fuhr mit respektablen Abstand als Erster ins Ziel. Der Schnellste war also der, der ab Werk die schlechtesten Werte hatte. Außerdem schien dem Tesla ab ca. 150 Km/h mächtig die Puste auszugehen.

Dieses Phänomen konnte ich auch schon selbst öfters in der Realität beobachten. Denn auch ich bin mal gegen einen Tesla gefahren. Mein Auto war ein ungetunter Audi TTS 8J (2.0 R4T), mit 272 PS und 350 Nm. Mein Gegner war ein Model 3 Long Range AWD mit 460 PS und stolzen 630 Nm. In der Beschleunigung ist der Tesla (4,6 s) ab Werk deutlich schneller als der TT (5,2 s) angegeben. Der Tesla ist jedoch mit etwas über 1.900 Kilo Gewicht und einer Endgeschwindigkeit von gerade mal 235 Km/h angegeben. Normalerweise müsste ein

Auto mit solch einer Leistung aber trotzdem spielend die 300-Km/h-Marke knacken. Auch bei zwei Tonnen Gewicht. Siehe beispielsweise die großen Oberklassenlimousinen.

Es hat sich bei unserem Versuch ähnliches abgespielt wie im ersten Beispiel, nur unter schwächeren Verhältnissen. Wir hatten einen fliegenden Start bei 50 Km/h. Bei diesen Geschwindigkeiten haben sich die beiden Fahrzeuge nichts geschenkt und waren hundertprozentig gleichauf. Gut für den Audi, aber schlecht für den Tesla. Ab ca. 130 Km/h jedoch, ist dem Tesla merkbar der Saft ausgegangen. Bei 220 Km/h war er bereits kaum noch in meinem Rückspiegel zu sehen, da der Unterschied mittlerweile recht groß geworden war und der Tesla immer mehr nachließ. Ich gebe zu, ich war amüsiert. Denn sein Besitzer war ebenfalls einer dieser klassischen neureichen Schnösel, die denken ihnen gehöre die Welt. Und dann wird sein Wunderauto von einem TT, der noch nicht mal ein RS ist, spielend in die Tasche gesteckt. Performance-technisch sind moderne, sportlich aufgemachte Turbobenziner einfach nach wie vor das Nonplusultra. Und man darf nicht vergessen, dass es sich hierbei gerade mal um einen Vierzylinder handelte. Dieses Phänomen, dass bei Teslas zwischen 130 Km/h und spätestens 160 Km/h die Beschleunigung stark nachlässt, hat mir ein mal ein guter Freund erklärt, der für ein international aufstrebendes Unternehmen tätig ist, welches Batterien und Akkumulatoren herstellt. Er erklärte mir anhand des Datenblattes eines Lithium-Ionen-Akkus für Elektrofahrzeuge, dass der Akkumulator gar nicht in der Lage ist, bei höheren Geschwindigkeiten die notwendige Leistung für die Motoren noch entsprechend zu liefern, geschweige denn den steigenden Luftwiderstand auszugleichen. Doch bei sportlichen Autos kommt es eben nun mal gerade auch auf die Zeit von 100 Km/h auf 200 Km/h an. Von 0 auf 100 Km/h sind die Elektroautos vorteilhaft schnell. Aber aufgrund ihres hohen Gewichtes wird auch das wieder ausgemerzt. In der nachfolgenden Tabelle findet ihr eine Übersicht über die Performance verschiedenster Tesla-Modelle, welche ich mit Gegnern mit exakt der gleichen oder selten sogar auch weniger PS-Leistung verglichen habe. Auch ein Diesel ist dabei. Da es hier um Performance geht, sind alle Verbrennungsmotoren in diesem Vergleich turboaufgeladen. Ich gebe bei den folgenden Tesla-Modellen und später bei anderen Elektrosportlern ausschließlich das Motordrehmoment an, da alles andere keinen Sinn machen würde, nur verwirrend wirkt und erschwerenderweise auch noch den Vergleich verfälscht.

Tesla vs. alle

Tesla-Modell	Leistung	Zeit	Vmax	Vergleichsmodell	Leistung	Zeit	Vmax
S 40	235 PS	6,5 s	180 Km/h	**VW Golf GTI Performance**	230 PS	6,4 s	248 Km/h
3 S R P	258 PS	5,6 s	225 Km/h	**BMW 330d F30**	258 PS	5,3 s	>250 Km/h
S 70	306 PS	5,9 s	225 Km/h	**BMW Z4 E89 335i**	306 PS	5,2 s	>250 Km/h
S 85	367 PS	5,6 s	225 Km/h	**Audi RS3 8V**	367 PS	4,3 s	>280 Km/h
3 L R AWD	460 PS	4,6 s	235 Km/h	**BMW M4 CS F82**	460 PS	3,9 s	>280 Km/h
S P85+	476 PS	4,4 s	225 Km/h	**Mercedes-Benz C63 AMG W205**	476 PS	4,0 s	>290 Km/h
S P100D	611 PS	2,7 s	250 Km/h	**Nissan GT-R Mk3**	550 PS	2,7 s	315 Km/h
X P90D	773 PS	4,0 s	250 Km/h	**Lamborghini Urus**	650 PS	3,6 s	305 Km/h
				Bentley Bentayga	635 PS	3,9 s	306 Km/h
				Porsche Cayenne Turbo PO35	550 PS	3,9 s	286 Km/h

Interessanterweise kommt bei diesem Vergleich heraus, dass nicht einer der Teslas die Nase vorne hat. Und das beim Sprint auf 100 Km/h, wo die allradgetriebenen Teslas sowieso sogar noch einen riesigen Vorteil haben. Ihre Gegner sind alle schneller und das bei gleicher oder niedriger Leistung. Selbst auf dem Papier. Dass dies in der Realität auch so ist, selbst wenn der Tesla deutlich im Vorteil ist, wurde schon vielfach bestätigt. So auch anhand unseres Beispiels mit dem M4 oder dem Audi TTS. Ihr seht also, dass die Teslas im Verhältnis gar nicht so schnell sind und ihre Fahrwerte im Verhältnis zu ihrer Leistung eher recht durchschnittlich sind. Daher ist auch der Hype um sie relativ unbegründet. Wie eigentlich jeder Hype. Der „Investmentpunk" Gerald Hörhan sagte mal: „Microsoft macht nicht die beste Software, McDonald's macht nicht die besten Burger und Starbucks macht nicht den besten Kaffee. Trotzdem sind sie alle mit Abstand Marktführer auf ihrem Gebiet." Den Unternehmen und ihren Chefs kommt es nicht unbedingt darauf an, die besten Produkte in ihrem Segment herzustellen. Es kommt ihnen nur darauf an, diese am besten zu verkaufen. Dafür ist erfolgreiches Marketing nötig. Bei Tesla ist es eben genau das. Man sollte sich natürlich darüber bewusst sein, dass Teslas auch elektronisch abgeregelt sind. Das bedeutet, dass ihre Höchstgeschwindigkeit von der Motorsteuerung begrenzt wird. Jedoch macht dies keinen großen Unterschied, da sie sich aufgrund des hohen Gewichtes der Akkumulatoren und deren Leistungsschwäche, bei hohen Geschwindigkeiten, sehr schwer tun, diese zu erreichen. Die Akkumulatoren bringen nicht mehr entsprechend Leistung, um die steigenden Werte des Rollwiderstandes der Reifen und des Luftwiderstandes auszugleichen. Unzählige Tests haben dies schon gezeigt. Auch darf man an dieser Stelle nicht vergessen, dass die Vergleichsmodelle ebenfalls abgeregelt sind, trotz ihrer jetzt schon deutlich höheren Endgeschwindigkeit. Viele von ihnen könnten weit über 300 Km/h fahren.

Das Flaggschiff des Model S von Tesla ist der P100D. Es ist das Auto, welches am meisten mit anderen Supersportwagen und Hypercars verglichen wird. Und dies auch mit Recht, denn er ist nicht nur die Höchstmotorisierung, sondern bringt als einziges Modell eine deutlich bessere Performance auf die Straße, als seine ebenfalls recht hoch motorisierten Artgenossen, wie man in der oberen Tabelle sehen konnte. Deshalb ist die nachfolgende Tabelle ausschließlich ihm gewidmet, in der er mit allerlei ebenbürtigen Fahrzeugen verglichen wird, wie es Automagazine und Autosendungen auch so gerne tun. Dabei habe ich vor allem Wert auf ähnliche Leistungswerte gelegt, damit sich die so gehypte Performance am besten vergleichen lässt. Bleibt noch zu erwähnen, dass die „alte“ Version des P100D jetzt unter dem Namen „Performance“ geführt wird und er statt 2,7 Sekunden nun nur noch mit 3,2 Sekunden angegeben ist, welche aber auch deutlich realistischer sind. Gleiches kann man bei seinem wohl größten Performance-Gegner beobachten, dem Nissan GT-R (3.8 V6TT). Er war in der Mk3-Version (550 PS) mit 2,7 Sekunden angegeben. Sein Nachfolger, der Mk4 (570 PS) und die Höchstmotorisierung, der „Nismo“ (600 PS) sind jedoch beide nur noch mit 2,8 Sekunden angegeben. Aber auch diese sind in der Realität sehr schwierig zu realisieren, da man meistens keine Idealbedingungen hat und kein hundertprozentig perfekter Allradstart gelingt. Für solch brachiale Fahrwerte sind diese Bedingungen bei verhältnismäßig so wenig

Leistung aber zwingend notwendig, wenn man nicht gerade in einem Bugatti mit über 1000 PS sitzt. Das gilt für den Tesla, als auch für den GT-R.

Model S vs. Supersportwagen

Fahrzeug	Leistung	Dreh-moment	0-100	Vmax
Tesla Model S P100D	611 PS	967 Nm	2,7 s 3,2 s	250 Km/h
Lamborghini Huracan	610 PS	560 Nm	3,2 s	325 Km/h
Audi R8 4S plus	610 PS	560 Nm	3,2 s	330 Km/h
Porsche 911 991 Turbo S	607 PS	750 Nm	2,9 s	330 Km/h
Ferrari 458 Speciale	605 PS	540 Nm	3,0 s	325 Km/h
Nissan GT-R Nismo	600 PS	652 Nm	2,8 s	315 Km/h

Ein Elektrosupersportler außerhalb des Tesla-Konzerns kam auch bereits von Mercedes-Benz auf den Markt. Es handelt sich um den SLS AMG Coupé Electric Drive. Dieser besitzt mit 751 PS und vier Synchronelektromotoren mehr PS als ein jedes Tesla-Modell, mal abgesehen vom Model X. Anhand seiner hohen Leistung ist der elektrische SLS auch die leistungsstärkste Version seiner Modellreihe. Die eigentliche Höchstmotorisierung hingegen, der SLS AMG Coupé Black Series leistet 631 PS aus einem 6.2 Liter V8 mit Kompressoraufladung. Trotz dessen, dass er 120 PS weniger hat, schafft er den Sprint auf 100 Km/h unter Idealbedingungen mit seinem Heckantrieb in 3,6 Sekunden, während der Electric Drive mit Allradantrieb sogar 3,9 Sekunden benötigt. Auch hier zeigt sich, dass die Elektromotoren im Vergleich zu sportlichen aufgeladenen Benzinern das Nachsehen in Sachen Performance haben. Allerdings sind diese beiden Fahrzeuge wiederum doch chancenlos gegen ein Tesla Model S P100D. Doch dieser bietet dem reichen Kunden längst nicht das Ende der Fahnenstange. Noch deutlich mehr Superlative bringen die Elektrosupersportwagenhersteller Rimac aus Kroatien, NIO aus China und Toroidion aus Finnland. Ihre Autos sind die wahren Helden der Elektrofahrzeugwelt. Diese pervers motorisierten Monster haben die eigentlichen Rekorde aufgestellt. Leider bekommt die Öffentlichkeit davon nicht so viel mit, wie die Fahrzeuge verdient hätten, da die Marke Tesla viel präsenter ist und einen absurd hohen Aufwand an Marketing dafür betreibt. Das und der Tunnelblick vieler Menschen in unserer Gesellschaft, ist der einzige Grund, weshalb dieser sinnlose Hype darum entstanden ist. Lediglich der Rimac Concept One war bereits bei The Grand Tour zu sehen, wo er allerdings unter der Führung von Richard Hammond einen Unfall mit Brandschaden erlitt.

Ein Held unter den Elektrosupersportlern ist für mich auch der Porsche Taycan Turbo S. Bis er bei 260 Stundenkilometern abgeregelt wird, schiebt er absolut gewaltig nach vorne. Mit 2,8 Sekunden ist er ab Werk auf 100 Km/h angegeben. Bei seinen 761 PS und 1.050 Nm ist das allerdings auch kein

Wunder. Damit ist er genau so schnell wie ein Porsche 911 991 GT2 RS (3.8 B6TT, 700 PS, 750 Nm) und liegt nur knapp hinter dem Porsche 918 (4.6 V8EE, 887 PS, 1280 Nm, 2,6 s). Auch hier zeigt der direkte Vergleich wieder, dass der Turbobenziner mit weniger Leistung und deutlich weniger Drehmoment dieselben Fahrwerte bringt und am Ende sogar die Nase vorn hat. Denn der GT2 RS und der 918 fahren beide über 340 Km/h. Das Schöne beim Porsche Taycan ist allerdings, dass ihm nicht irgendwann einfach die Puste ausgeht, sondern dass er im Gegensatz zu den Teslas immer mit voller Leistung weiter beschleunigt.

Elektro-Hypercars

Fahrzeug	Leistung	Drehmoment	Zeit	Vmax
Rimac Concept One	1.224 PS	1.600 Nm	2,6 s	355 Km/h
NIO EP9	1.360 PS	1.480 Nm	2,5 s	313 Km/h
Toroidion 1MW	1.360 PS		>2,0 s	450 Km/h
Rimac Concept S	1.384 PS	1.800 Nm	2,5 s	365 Km/h
Rimac C_Two	1.914 PS	2.300 Nm	1,9 s	412 Km/h

Diese irrsinnig schnellen Supersportler bilden aktuell die Spitze der Elektrowelt in der Automobiltechnik. Dennoch sind sie in Sachen Gewicht und Endgeschwindigkeit dem modernen Turbobenziner immer noch unterlegen. Die zumindest rein rechnerische Höchstgeschwindigkeit laut Werksangabe geht nach wie vor an den König der luxuriösen Hypercars. Den Bugatti Chiron. Denn er ist auch der leistungsstärkste Benziner, der als Serienfahrzeug aktuell auf dem Markt zu finden ist. Man darf hier beim Vergleich zu den Elektrofahrzeugen nicht vergessen, dass man theoretisch auch aus den Benzinern noch deutlich mehr Leistung und Drehmoment rausholen kann. Formel-1-Autos sind von der FIA auf 1.6 Liter Hubraum beschränkt. Dennoch schaffen es die Ingenieure aus ihnen um die 1.000 PS herauszuholen. Nach dieser Rechnung kann man sich vorstellen, was theoretisch aus einem Motor mit 8.0 Liter von Bugatti herauszuholen ist. Nach dieser Rechnung wären wahnwitzige 5.000 PS möglich. Da ein Bugatti-Motor allerdings 16 Zylinder hat und keine 6, wie ein Formel-1-Bolide, ist theoretisch sogar noch mehr möglich. Bleibt im Endeffekt natürlich die Frage, wie standfest das Ganze dann noch ist.

Könige der Hypercars

Fahrzeug	Leistung	Drehmoment	0-100	Vmax
Bugatti Veyron 16.4	1.001 PS	1.250 Nm	2,5 s	407 Km/h
Koenigsegg Agera RS	1.175 PS	1.280 Nm	<3,0 s	447 Km/h
Bugatti Veyron SS	1.200 PS	1.500 Nm	2,5 s	431 Km/h
Koenigsegg One:1	1.360 PS	1.371 Nm	2,8 s	>440 Km/h
Bugatti Chiron	1.500 PS	1.600 Nm	2,4 s	~463 Km/h

Der Bugatti Chiron hat seine ursprünglich rein rechnerische Endgeschwindigkeit in der Realität nicht nur mittlerweile bewiesen, sondern auch direkt überboten. Mit einer speziellen Version, die inzwischen aber in Serie gegangen ist, wurde auf einem Testtrack die 300-Mph-Marke geknackt. 304,8 Mph erreichte der Bugatti Chiron Super Sport 300+. Das sind umgerechnet 490,5 Km/h. Damit ist er nun nicht mehr nur inoffiziell der schnellste Seriensupersportwagen der Welt, sondern auch offiziell.

Optik

Sicher kennt jeder von euch das folgende Empfinden: Es gibt Fahrzeuge, die sind wie geschliffene Edelsteine. Sie sind so wunderschön, dass man sie als vollkommen bezeichnen könnte. Auch für mich gibt es davon ein paar wenige. An diesen Autos würde ich optisch niemals etwas verändern. Hierzu zählen zum Beispiel der Audi RS5 8T, der 1967er Camaro SS oder der Jaguar E-Type. Und wem geht das nicht so? Egal für welche Marken man schwärmt. Es gibt Autos, zu denen sagt einfach niemand nein. Selbst Leute die sagen: „Ich würde niemals einen Audi haben wollen. Die sind mir viel zu prollig!“, ändern ihre Meinung schlagartig, wenn sie vor einem solchen RS5 stehen. Dann heißt es plötzlich: „Boah, was für eine krasse Karre! Also wenn ich mir den leisten könnte…“.

Der Audi RS5 hat im Jahr seiner Erscheinung nicht umsonst weltweit sämtliche Designpreise abgeräumt. Selbst der größte BMW-Fan kann die Marke Audi noch so verabscheuen. Er sagt niemals nein zu einem RS5.

Umgekehrt ist es mit dem BMW M4 F82. Ich kenne unzählige Audi- aber auch BMW-Liebhaber. Und selbst wenn manche von ihnen so radikal und primitiv eingestellt sind, dass sie fast alle Modelle der Konkurrenzmarke komplett verachten, den M4 und den RS5 finden sie alle großartig. Bei mir ist es übrigens auch so. Ich liebe beide dieser Fahrzeuge und auch den Nachfolger des ersten RS5. Aber ich mag auch als einer der wenigen Menschen tatsächlich beide Marken. Ich sehe keinen Grund krampfhaft Partei zu ergreifen, wenn ich doch beide gut finde.

Ich würde niemals etwas an diesen Fahrzeugen verändern, vorausgesetzt sie haben die richtige Farbe. Mit einer Ausnahme. Manchmal halte ich eine dezente Tieferlegung für angebracht, da einige Autos ab Werk, ihrer Motorisierung unangemessen, ziemlich hoch sind. Und je tiefer das Fahrzeug ist, desto böser und breiter wirkt es in der Regel auch. Außerdem erscheint einem auch die Optik im Gesamtpaket einfach passender. Die Höhe eines Fahrzeuges macht am Eindruck des Designs unheimlich viel aus. Mein aktueller Sportwagen ist auch so ein Kandidat. Obwohl er gegen Aufpreis ab Werk ein verstellbares Fahrwerk hat, wird sein aggressives, modernes Design komplett durch die Höhe untergraben. Als ich vor dem Kauf auf mobile.de nach diesen Autos gesucht habe, vielen mir immer wieder vereinzelt Modelle auf, die deutlich tiefer waren als die anderen. Wie das die Optik dieses Fahrzeugs beeinflusst hat, war wirklich ein ungemein großer Unterschied. Ich schob das fälschlicherweise auf das verstellbare Fahrwerk, da all diese potentiellen Kandidaten auch damit ausgestattet waren. Dies war allerdings falsch, wie sich im Nachhinein herausstellte. Denn tatsächlich waren sie alle vom Vorbesitzer nochmals nachträglich tiefergelegt worden. Und das war auch wirklich angebracht. Das adaptive Fahrwerk vom Automobilhersteller hatte mit der Höhe des Autos rein gar nichts weiter zu tun. Es hat lediglich die Dämpfung und ein paar andere Dinge verstellt. Die Federung war aber exakt gleich, wie bei einem Modell ohne diese Ausstattungsvariante.

Tieferlegungen sind entsprechend sehr beliebt, um die Optik eines Fahrzeugs zu verbessern. Mindestens genau so populär sind Tuningfelgen. Es gibt sie in allen möglichen Designs und von unzähligen Herstellern. Meist wird nach dem Motto „Je breiter und größer, desto besser!" gekauft. Umso größer die Felge, umso breiter der Reifen und niedriger der Querschnitt, desto heißer ist der Look. Zwanzig-Zoll-Felgen sind in der Tuningszene mittlerweile Standard. Wenn es geht, auch gerne größer. Allerdings wird es hier bei den meisten Autos schwierig, es sei denn, man fährt einen SUV. Manch individualistisch veranlagte Tuner sind sogar so pingelig, dass sie eine regelrechte Kriese bekommen, wenn jemand die gleichen Felgen auf seinem Auto hat, wie sie selbst. Das bestätigt auch der bekannte Dortmunder Tuner „Sidney Hoffmann" in seinem Buch. Felgen gibt es übrigens auch als Replikas. Darunter versteht man, dass sie die gleiche Optik haben, wie die eines teuren Markenherstellers, aber deutlich günstiger zu erwerben sind. Dafür sind sie dann eben nicht vom Originalhersteller. Interessant wird es aus preislicher Sicht auch, wenn man originale Aufpreis- oder Ausstattungsfelgen eines bestimmten Automodelles nachrüsten möchte. Bleiben wir bei dem Beispiel mit dem RS5 und dem M4. Die beliebten Rotorfelgen, die auf vielen S- und RS-Modellen von Audi zu finden sind, werden mittlerweile im Internet je nach Zustand und Größe für einige Tausend Euro gehandelt. Ähnlich ist es bei den Sternfelgen des BMW M4 Competition. Wenn man sie im Netz neu kaufen möchte, darf man gut und gerne 4.000€

und mehr für die Zwanzigzöller löhnen. Bestellt man sie hingegen von der Marke MAM, die sie auch für BMW produziert, kosten sie gerade mal um die 700€. Natürlich ebenfalls in Zwanzig Zoll. Es handelt sich also hierbei auch um Originalteile und nicht um Replikas. Es ist geradezu irrwitzig, wie viel Geld man sparen kann, wenn man sich mal ein bisschen informiert. Das ist vor allem auch zu Anfang einer Tuningkarriere ratsam, denn Felgen und Tieferlegungen gelten allgemein als Einstiegsdroge in die Tuningwelt. Hat man sein Auto erst mal mit Tuningfelgen ausgerüstet, entscheiden sich viele auch noch für sogenannte Distanzscheiben. Diese werden auch Spurplatten genannt. Hier ist es genau wie mit Tieferlegungsfahrwerken. Denn Distanzscheiben sind Bauteile, die in 99% der Fälle für die Optik des Fahrzeuges verbaut werden. Die Räder stehen weiter von der Karosserie ab und sind von der Vorder- und Hinteransicht aufgrund ihres Überstehens deutlich sichtbarer. Dies macht sich natürlich besonders gut, wenn man große und breite Felgen montiert hat. Allerdings haben Distanzscheiben auch eine technische Tuningfunktion, genau wie Tierferlegungen. Sie können dazu beitragen, das Rad richtig im Radkasten zu positionieren und somit nach Tuningmaßnahmen wie zum Beispiel Tieferlegungen, Felgen usw., ein Schleifen bei starkem Lenkwinkeleinschlag verhindern.

Wenn ein Fahrzeug besonders auffällig werden soll, geht es dann oftmals mit Folierungen weiter. Sie sind äußerst attraktiv, da sie um ein Vielfaches kostengünstigster sind, als die klassische Lackierung. Außerdem können Folierungen auch selbst in der eigenen Garage vorgenommen werden. Zwar kommt dabei selten eine wirklich auch im Detail, professionelle Arbeit heraus, doch trotzdem lassen sich diese Arbeit viele Hobbytuner nicht nehmen. Professionelle Lackierungen hingegen sind zwar eine schöne Sache, aber sie können in der Regel nur von gelernten Fahrzeuglackierern in einer richtigen Lackierwerkstatt durchgeführt werden. Heutzutage benötigt man dafür allerlei Equipment, welches dem normalen Hobbytuner bei weitem nicht zur Verfügung steht. Hat man dann das Fahrzeug erst mal in Wunschfarbe lackiert oder foliert, entscheiden sich manche Tuner auch noch dazu, die neue Folie mit einer weiteren zu versehen. Diese geht dann natürlich nicht lückenlos über das gesamte Fahrzeug, sondern verpasst dem Auto noch ein zusätzliches Design oder Muster. Oft auch in verschiedenen Farben. Ein gutes Beispiel um sich das vorstellen zu können, ist Camouflage. Man kann sich das im Prinzip vorstellen, wie großflächige Aufkleber.

Auch andere Rückleuchten können die Optik eines Autos sehr verändern. Manche schaffen regelrecht ein ganz neues Design. Sie können auch das Fahrzeug neuer wirken lassen. Vor allem dann, wenn sie optisch den Stil des bereits erschienenen Nachfolgers imitieren. Dies sieht man zum Beispiel beim VW Golf V oder beim Audi TT 8J des Öfteren.

Bodykits hingegen verändern das komplette Aussehen eines Fahrzeuges. Sie ersetzen einige Karosserieteile komplett. Meist sind es Stoßstangen, Kotflügel und Seitenschweller, die hierbei verändert werden. Allerdings gehört meiner Meinung nach hierzu auch ein dezenter bis halbwegs großer Spoiler. Keine riesen Frittentheke, auf der man in der Sonne Eier braten kann, denn entscheidend ist nicht die Größe, sondern dass er zum Gesamtpaket passt. In seltenen Fällen gehört auch noch eine neue Motorhaube mit Lufteinlässen oder Lufthutzen dazu. Wenn jemand die Motorhaube ersetzt oder optisch verändert, geschieht das übrigens meistens in Carbon-Optik.

Die Optik eines Fahrzeuges kann durch solche Veränderungen im positiven Sinne extrem zunehmen oder manchmal auch abnehmen. Letztendlich ist das natürlich auch wieder Geschmackssache. Allerdings weiß ein Tuner und ein Autofreak mit einem halbwegs geschulten Auge schon ein billiges Bodykit aus dem Internet, von beispielsweise einem Liberty-Walk-Bodykit zu unterscheiden. Beim Liberty-Walk-Umbau wird die Karosserie um extra große Bauteile erweitert. Vor allem Kotflügel sind hierbei sehr markant. Oftmals sind es Supersportwagen die dieses hochwertige Bodykit verbaut bekommen. Manchmal sind auch sehr hoch motorisierte Premiumfahrzeuge dabei. Recht oft sieht man die Modelle Lamborghini Huracan, Nissan GT-R, BMW M4 oder Mercedes-Benz C63 AMG Coupé mit diesen Umbauten. Wer jetzt denkt, dass ein Liberty-Walk-Umbau in Sachen optischem Tuning das Maß aller Dinge sei, der hat die Rechnung ohne eine ganz bestimmte Nation gemacht. Denn es gibt ein Land auf dieser Welt, das grundsätzlich und in allen Dingen, die bizarrsten Szenen, Menschen und Dinge parat hält. Sei es die Esskultur, die Zeichentrickserien, die Selbstmordrate oder gar die Pornos. Die Rede ist natürlich von den Japanern! Sie haben immer den „krankesten Shit“ am Start. Dort gibt es eine Szene, die die meisten, unter den wenigen die sie überhaupt kennen, hier zu Lande schon nahezu gruselig finden. Mich mit eingeschlossen. Die Rede ist vom „Bōsōzuko“. Es fängt eigentlich ganz harmlos an. In der besagten Szene werden meist recht alte Fahrzeuge optisch komplett neu aufgebaut. Allerdings werden sie dabei mit einem extrem bizarren und individuellen Aussehen versehen. Teilweise haben diese bis zu 15 Auspuffrohre, die hinter dem Fahrzeug noch gut und gern zwei Meter schräg nach oben gebogen herausragen. Riesige Spoiler, die buntesten Farbkombinationen und Karosserieveränderungen im futuristischen Design sind an der Tagesordnung in dieser Welt des Bōsōzuko. Dazu gehört auch eine extrem laute Abgasanlage. Überall haben die Fahrzeuge Zacken und unten sind weit nach außen ragende Platten montiert, die wohl so etwas wie Spoiler darstellen sollen. Diese sind ebenfalls den bunten Wagenfarben angepasst. Dem Japanischen Kern dieser Szene wird nachgesagt, kriminell zu sein und ein äußerst provokantes Auftreten zu haben. Sie werden allgemein hin als Außenseiter betrachtet. Darüber hinaus sollen sie auch Kontakt zu den „Yakuza“ haben...

Fahrdynamik

Zu gerne erinnere ich mich daran, wie James May sich in meiner Lieblingsserie Top Gear immer darüber aufgeregt hat, wenn die Autobauer bei einem ihrer Performance-Modelle das Fahrwerk auf der Nürburgring-Nordschleife abgestimmt haben. Er war immer der Ansicht, dass diese Autos zwar super für den Track wären, aber dafür für normale Straßen komplett unbrauchbar gemacht worden wären. Aber jeder hat hier natürlich einen anderen Geschmack und ein anderes Empfinden. Dass ein rüstiger Herr im Alter zwischen 50 und 60 Jahren nicht auf brettharte Sportlimousinen und Power-Kombis im Alltag steht, ist nachvollziehbar. Nichtsdestotrotz haben moderne Autos meist ein sehr gutes Fahrwerk ab Werk, welches ihrer Motorisierung angepasst wurde. Je mehr Leistung der Motor hat, desto sportlicher ist meist auch das Fahrwerk in seinen Komponenten ausgelegt. Aber auch die schwächeren Modelle liegen bei guten Automarken und Premiumherstellern erstaunlich gut auf der Straße und sind relativ sicher unterwegs. Nehmen wir erneut das typische Paradebeispiel: Den VW Golf. Hier nun in der siebten Generation. Nachfolgend könnt ihr Einsicht in die Fahrwerkshöhe der verschiedenen Varianten ab Werk, nehmen.

Fahrwerkshöhe VW Golf VII

Variante	Tieferlegung	Leistung
Normal	0mm	85 PS – 180 PS
R-Line	15mm	Sportausstattung
GTD	15mm	184 PS
GTI	15mm	220 PS, 230 PS, 245 PS
R	20mm	300 PS, 310 PS

Die R-Line ist unabhängig von Motorisierungen, da es sich hierbei lediglich um eine Ausstattungsvariante handelt. Außerdem sei zu beachten, dass die Fahrwerke eines GTI, eines GTD und eines normalen Golf VII mit R-Line-Ausstattung keineswegs gleich sind. Ein GTI (2.0 R4T, 230 PS) besitzt einen anderen Antrieb als ein GTD (2.0 R4TD, 184 PS). Dementsprechend soll er auch anders fahren und unterscheidet sich ab Werk durch feine Abstimmungsmerkmale vom seinem

Dieselbruder. Das Gleiche gilt natürlich für die Höchstmotorisierung, den Golf R. Auch er besitzt neben der etwas niedrigeren Höhe, eine vergleichsweise sportlichere Abstimmung.

Wie schon im Kapitel zuvor erwähnt, gibt es ab Werk gegen Aufpreis sogenannte adaptive Fahrwerke, die sich per Betätigung einer Taste verstellen lassen. Dies kann einerseits geschehen, indem über Elektromagnetismus Metallpartikel im Öl der Stoßdämpfer beeinflusst werden und darüber die Durchflussmenge geregelt wird. Und andererseits darüber, dass die Durchflussmenge über ein elektronisch angesteuertes Ventil angepasst wird. So kann das Fahrwerk härter oder weicher gestellt und das Fahrverhalten in Richtung Sportlichkeit oder Komfort bewegt werden. Es ist gewissermaßen wie mit Tampons. Es geht nicht um den Durchmesser, sondern um die Durchflussmenge. Jede Frau wird euch das bestätigen. Diese Fahrwerke findet man hauptsächlich in den Performance-Modellen, also in den Sportvarianten und vor allem den Höchstmotorisierungen. Manche Automarken bieten darüber hinaus auch verschiedene Fahrmodi an, die man sich unter anderem auch selbst konfigurieren und auf verschiedene Fahrer anpassen kann. Darüber hinaus werden beim Betätigen der Sporttaste bei manchen Herstellern nicht nur die Dämpfer härter, sondern auch der Einschlagwinkel des Lenkrades kürzer und die Auspuffklappen dauerhaft geöffnet. Ich persönlich finde dieses kleine, aber teure Gimmick ja sehr sexy.

Adaptive Fahrwerke

Hersteller	Bezeichnung	Bedeutung
Audi	Magnetic Ride	
BMW	Adaptive Mode / M-Fahrwerk	
Mercedes-Benz	ABC	**A**ctive **B**ody **C**ontrol
Mini	DDC	**D**ynamische **D**ämpfer **C**ontrol
Opel	FlexRide	
Porsche	PASM	**P**orsche **A**ctive **S**uspension **M**anagement
Seat	DCC	**D**ynamic **C**hassis **C**ontrol
Škoda		
VW		
Volvo	Four-C	**C**ontinously **C**ontrolled **C**hassis **C**oncept

Übrigens: Je sportlicher ein Fahrzeug mit seinem Fahrwerk, seinen Bremsen, seiner Bereifung und so weiter, ausgestattet ist, desto sicherer ist es auch! „So ein schnelles Auto?! Das ist doch viel zu gefährlich!“ Wer kennt den diesen Satz von jammernden Müttern und Großmüttern nicht? Leider ist er völliger Quatsch. Denn umbringen kann man sich auch mit einem 60-PS-Auto. Mit jedem Auto kann man sich mutwillig in Gefahrensituationen bringen. Egal ob es ein Sportwagen mit 500 PS ist oder ein himmelblauer VW Lupo mit 50 PS, der so feminin und defensiv aussieht, als könnte er keiner Fliege etwas zu Leide tun. Deshalb ist es auch Schwachsinn ein Auto in seiner Leistung für Fahranfänger begrenzen zu wollen. Wie man unter Autofreunden so schön sagt: „Fehlende PS werden durch den Wahnsinn des Fahrers ersetzt.“ Wohl eher eine bittere Wahrheit, als ein lustiger Spruch. Fakt ist allerdings, sollte die Politik tatsächlich so etwas beschließen, wird genau das eintreten, was Sechzehnjährige mit ihren Mopeds machen. Die Autos werden illegal und mehr oder weniger unauffällig getunt und etwaige Drosseln werden entfernt. Nur wird das dann nicht mehr über entfernte Drosselungen im Ansaugsystem oder in der Abgasanlage geschehen, sondern vermutlich per Software beim Tuner. Fakt ist auch, dass man, wenn es wirklich drauf ankommt, in einer Gefahrensituation in einem Sportwagen oder aufgrund seiner Motorisierung, sportlich ausgestattetem Fahrzeug, deutlich sicherer ist, als in einer Klitsche mit einem stinknormalen Motor. Die Bremsen sind größer, das Auto kommt schneller zum Stehen, es kann auf Landstraßen deutlich besser aus-weichen, reagiert zackiger und direkter und liegt allgemein sicherer auf der Straße. Außerdem entsteht durch die sportlichere

Dämpfung bei Unebenheiten ein intensiverer Kontakt zwischen Reifen und Asphalt. Und gerade in Sachen Sicherheit spielt der Reifenkontakt zum Asphalt die größte Rolle in der Fahrdynamik. Deshalb werden in der Formel 1 auch pro Rennen gefühlt fünfmal die Reifen gewechselt. Die Mischung dieser Reifen ist so weich, dass sie sich unter der hohen Belastung innerhalb weniger Runden komplett abnutzen. Durch die Weiche wird der maximale Kontakt zum Streckenbelag hergestellt.

Verstellbare Fahrwerke gab es schon in den 50er Jahren, in einigen Oberklasselimousinen von Mercedes-Benz, Cadillac und Citroën. Allerdings handelte es sich hier um sogenannte Luftfahrwerke. Diese findet man heutzutage häufig in Fahrzeugen, die nach allen Regeln der Kunst liebevoll getunt wurden. Oft sind sie auffällig foliert und werden bis ins kleinste Detail zu kompletten „Show-Cars“ hergerichtet. Ich persönlich bewundere die Leidenschaft und das Herzblut, das manche Tuner so detailliert in ihre Schätzchen investieren. Ein sogenanntes „Airride“ (eng. für Luftfahrwerk) ist wohl die teuerste Variante der Fahrwerksverstellung und Höhenveränderung bei einem Kraftfahrzeug. Über einen Kompressor ist es möglich, es per Knopfdruck beliebig in der Höhe zu verstellen. Zu Show-Zwecken wird dies auch nicht selten bis zum Erdboden ausgereizt.

Für diese angenehme Funktion zahlt man allerdings auch in der Regel mehrere Tausend Euro. Meist handelt es sich bei den Käufern von solchen Fahrwerken um ein anderes Klientel, als dem einfachen Hobbytuner von nebenan. Aber auch bei ihnen ist es meistens die Prestige, um die es bei solchen Investitionen am Fahrzeug geht.

Alternativ hierzu, entscheiden sich allerdings viele eher für ein sogenanntes Gewindefahrwerk. Normalerweise ist ein ein solches dafür vorgesehen, im Drift-, Slalom-, Rallye- oder im Rennsportbereich eingesetzt zu werden und dort das

Fahrzeug an die Verhältnisse der Strecke und die Fahrweise des Fahrers anzupassen. Unter einem Gewindefahrwerk versteht man eine Kombination aus Dämpfern und Federn, die direkt aufeinander abgestimmt sind.

Außerdem ist das Fahrwerk, wie der Name schon sagt, über ein Gewinde in der Höhe verstellbar. Diese Funktion wird im Straßenverkehr allerdings nicht wirklich benötigt. Darüber hinaus begibt sich schon gar niemand vor einer gewöhnlichen Straßenfahrt mit dem entsprechenden Werkzeug auf eine

Hebebühne und stellt das Fahrwerk neu ein. Außer wenn die Rennleitung (Polizei) Beschwerde einlegt. Ansonsten wird diese Funktion ausschließlich bei Sport-Events angewandt. Dennoch erfreuen sich die immer noch recht kostspieligen Gewindefahrwerke äußerster Beliebtheit. Ich kenne manch Tuningbegeisterten, für den es geradezu Pflicht ist, bei jedem neuen Auto ein solches Fahrwerk einzubauen und es damit entsprechend tiefer zu legen. Auch wenn es keiner zugeben will, den meisten geht es in Wahrheit einfach nur darum, sagen zu können, dass sie ein Gewindefahrwerk in ihrem Auto verbaut haben. Benötigen tun es tatsächlich wie so oft die wenigsten. Es dreht sich wie also auch hier meist nur um Prestige. Denn 98% aller im Straßenverkehr eingesetzten Gewindefahrwerke werden lediglich ein einziges Mal beim Einbau eingestellt, gegebenenfalls noch mal nachjustiert und danach nie wieder angerührt. Meist liegt die Grenze der Einstellung genau da, wo es der TÜV gerade noch erlaubt. Die maximal erlaubte Tiefe wird also oftmals ausgereizt. Aber Gewindefahrwerke werden nicht umsonst im Rennsport eingesetzt. In Sachen Sportlichkeit und Performance sind sie ganz vorne dabei. Da sie die meisten aber ausnahmslos zur Tieferlegung missbrauchen, bieten sich hier auch vergleichsweise noch deutlich günstigere Alternativen an. Zum Beispiel Tieferlegungsfedern. Sie können ein Fahrzeug über mehrere Zentimeter im mittleren, zweistelligen Bereich senken. Normalerweise reicht dies für eine Tieferlegung, die ausschließlich für die Optik gedacht ist, auch absolut aus. Sie kosten meist nur einen Bruchteil eines Gewindefahrwerkes und sind schon ab unter 100€ zu bekommen. Gegebenenfalls kann oder muss man diese noch, je nach Tieferlegung, mit gekürzten Stoßdämpfern kombinieren. Ab etwa 25cm – 30cm und mehr, werden bei den meisten Serienfahrzeugen die Standardstoßdämpfer durch kürzere und sportlichere ersetzt, da sonst die neuen Tieferlegungsfedern nicht mit den Serienstoßdämpfern kombinierbar sind. Reicht einem die Tieferlegung mit Federn, die eine ABE (**A**llgemeine **B**etriebs**e**rlaubnis) besitzen, nicht aus, kann man sich auch für welche ohne ABE entscheiden und somit mit dem Fahrzeug noch deutlich tiefer gehen. Möchte man allerdings legal unterwegs sein, müssen diese dann noch vom TÜV abgenommen werden. Hier muss man sich allerdings darüber bewusst sein, dass die sogenannte Einzelabnahme ebenfalls wieder einen dreistelligen Betrag kostet und für den TÜV alles schön nach Vorschrift sein muss. Sonst wird keine Betriebserlaubnis erteilt. Das heißt, das Auto darf nicht zu tief sein, die Räder müssen bei maximalem Einschlagwinkel des Lenkrades frei sein und nirgends darf etwas schleifen. Falls ihr erstmalig Tieferlegungsfedern verbaut und danach nur einen marginalen oder gar keinen Unterschied seht, macht euch keinen Kopf. Oft kommt es vor, dass sich die Federn erst senken müssen. Dies dauert für gewöhnlich mehrere Wochen. Ihr könnt den Vorgang auch ein wenig verkürzen, indem ihr euer Auto einfach mit so vielen und so korpulenten Leuten wie möglich vollpackt und über eine Straße mit Kopfsteinpflaster fahrt.

Der Weg zum Traumauto

Geld für Tuning ausgeben oder für ein besseres Auto? Das kommt ganz darauf an, wie ihr gestrickt seid! Oft habe ich in meinem halbwegs jungen Leben erlebt, wie Freunde, Bekannte und Autoverrückte ihr ganzes Geld, das sie monatlich übrig hatten, in alte ranzige Kisten oder aber auch modernere, aber dafür völlig unbedeutende oder untermotorisierte Fahrzeuge gesteckt haben, um diese halbwegs aufzubessern. Leider gelang ihnen das damit auch nicht immer. Meistens betraf dies auch nur die Optik und die Akustik, denn auch hier gilt wieder: Wer wirklich spürbare oder sogar große Leistungssteigerungen haben will, muss für Tuning in der Regel sehr viel Geld ausgeben. Ich hingegen habe immer das Auto gefahren, welches ich nun mal gerade besaß. Und statt dort großartig Geld zu investieren, habe ich mir stattdessen Mühe gegeben, schneller an ein besseres Fahrzeug heranzukommen. Auf diese Art und Weise aufzustocken funktionierte auch tatsächlich ganz gut, denn sie wurden nach und nach immer stilvoller, schneller und sportlicher.

Bei den Autos, wo ich Tuning betrieben habe, war mir vor allem wichtig, nur extrem wirkungsvolles Tuning für extrem wenig Geld anzuwenden. Ein Beispiel: Ich habe mal ein Mittelschalldämpferersatzrohr für 140€ auf 50€ heruntergehandelt und bei einem VR6-Motor eingebaut. Dies war zwar leider aufgrund der Lautstärke illegal, hat aber im Vergleich zur Serienabgasanlage einen mörderisch, infernalen Sound gebracht. Und im Vergleich zu teuren Komplettabgasanlagen oder Sportschalldämpfern, die bei weitem nicht eine solche Wirkung erzielen, zumindest wenn sie mit einer ABE ausgeliefert werden, war es geradezu spottbillig. Die nach EWG geregelte Klappe des Serienendschalldämpfers habe ich hierbei übrigens intakt gelassen. Dies ermöglichte mir zum Beispiel je nach Drosselklappenstellung und Drehzahl, wenigstens ein bisschen dezenteres Auftreten, wenn ich es wollte oder benötigte. Andere kauften sich für den gleichen Motor Klappenabgasanlagen von namenhaften Tuningteileherstellern, die nur einen leicht anderen Sound erzeugen und nur marginal lauter sind, aber 2.000€ und auch gerne mehr kosten. In meinen Augen ein geradezu bitteres Preisleistungsverhältnis. Für mich hat sich eine solche Form des Tunings nie gerechnet. Man muss allerdings dazu sagen, dass die Preise für Abgasanlagen sowieso an absoluten Wucher grenzen. Vor allem bei Downpipes mit Sportkatalysatoren und kompletten Klappenabgasanlagen. Wer also sehr viel Sound und Lautstärke aus seiner Abgasanlage herausholen will und dies für sehr wenig Kostenaufwand, für den eignen sich Schalldämpfer- und Katersatzrohre. Aber vergesst nicht, dass dies illegal ist. Vor allem wenn ihr den Katalysator an eurem Fahrzeug entfernt. Dies macht das Fahrzeug nicht nur lauter, sondern verändert auch die Abgaswerte zum Negativen und damit könnt ihr im schlimmsten Fall für Steuerhinterziehung angeklagt werden. Denn die Steuer eines Kraftfahrzeuges richtet sich nach dem Hubraum des Motors, der Erstzulassung und den Abgaswerten. Steigen die Emissionen, seid ihr also theoretisch dem Staat mehr Steuern schuldig. Und wenn es eine Sache gibt, wo unser Staat keinen Spaß versteht, ist das das liebe Geld! Also überlegt euch gut, wie ihr tunt und welche Maßnahmen ihr vornehmt. Bedenkt auch, dass eine laute Abgasanlage sehr auffällig ist, wenn ihr sie nicht durch eine Auspuffklappe dämpfen könnt. Gerade bei charakteristischen Motoren, wie beispielsweise einem VR6, einem V8 und so weiter.

Bei Fahrwerken ist das etwas anders. Hier kann man nicht ganz so einfach die Serienteile durch günstigere rausschmeißen und dadurch eine höhere Wirkung erzielen. In den meisten Fällen sind hier die Tuningteile teurer. Wie bereits im Kapitel des Fahrwerkstunings beschrieben, werden bei dieser Tätigkeit schon ein paar Hundert Euro fällig, außer wenn es nicht ausschließlich um eine Tieferlegung geht. Vor allem, wenn es dann Gewinde- oder Luftfahrwerke sein sollen, muss man etwas tiefer in die Tasche greifen. Unzählige Male habe ich der Szene beobachtet wie Autofreaks sich überteuerte Gewinde- oder gar Luftfahrwerke einbauten, welche im Endeffekt aber ausschließlich der Tieferlegung dienten. Manchmal überstieg der Neuwert des Fahrwerkes sogar den aktuellen Wert des Autos in das es eingebaut wurde. Dass das wirtschaftlich nicht sinnvoll ist, dürfte wohl jedem klar sein. Teilweise handelte es sich um lächerlich teure Aktionen, denn im Regelfall wird ein Gewindefahrwerk auch wie bereits erwähnt, nur ein Mal eingestellt und nicht für seine Ursprüngliche Aufgabe verwendet. Allerdings hat man bei diesem Klientel manchmal auch Liebhaber oder Leute, die zu Show-Zwecken tunen. Solche Leute lieben es, ihr Geld und ihr Herzblut in ihre Schätzchen zu investieren und diese bis ins kleinste Detail mit edlen Tuningteilen zu versehen. Hier handelt es sich natürlich nicht um den Proll mit dem Golf IV von nebenan, der 75 PS und 300.000 Kilometer auf der Uhr hat. Doch genau diese Menschen sind es, die immer wieder ihr letztes Geld, wovon sie, und das soll jetzt wirklich nicht abwertend klingen, meistens nicht viel besitzen, in ihre alte Kiste stecken und diese marginal aufwerten. Schlussendlich haben sie kein Geld mehr und bleiben auf ihrem alten Fahrzeug sitzen, wünschen sich aber eigentlich ein Besseres. Und ganz ehrlich? Wer steht denn nicht auf fette Karren? Klar, es gibt immer wieder Menschen die sagen, dass sie so etwas nicht bräuchten und ihr Fahrzeug lediglich einen Nutzwert für sie habe. Aber wenn man sie vor die Wahl stellt, sich zwischen einem kostenlosen, nagelneuen BMW M4 und einem kostenlosen, fünfzehn Jahre alten Renault Twingo zu entscheiden, wer würde nicht den M4 nehmen? Und wenn es unbedingt ein Kombi sein soll, wer würde nicht lieber seinen Dacia Logan gegen einen Audi RS6 Avant oder ein Mercedes-Benz C63 AMG T-Modell tauschen?

Ich habe mich statt dem Aufwerten von alten Fahrzeugen immer darauf fokussiert, mich von Auto zu Auto schnell weiterzuentwickeln. Ich habe mich hochgekämpft, wenn man so will. Statt mein letztes Geld in meine alte Kiste zu stecken, habe ich diszipliniert gespart und mit dem Verkaufserlös des alten Autos zusammen immer wieder ein besseres und jedes

Mal auch schnelleres Auto gekauft. So bin ich unter anderem schon zu mehreren sportlichen Fahrzeugen gekommen. Und die Reise geht stetig weiter nach vorne, denn man gewöhnt sich leider viel zu schnell an schöne Dinge. Vor allem wenn es dabei um Luxus und Beschleunigung geht.

Außerdem schadet es auch nicht, sich immer wieder neue Ziele zu setzen und nach diesen zu streben. Für erfolgreiche Menschen sind dies wichtige Lebensinhalte.

Wenn ihr nicht unbedingt euer Auto komplett durchtunen wollt, sondern eher die dezente Variante bevorzugt, wie ich es tue, dann empfehle ich euch das Geld lieber beiseite zu legen und euch ein schickeres und schnelleres Fahrzeug zu besorgen. Vor allem, wenn es auch euer Wunsch ist, immer schönere und schnellere Autos zu fahren. Eine gewisse Disziplin ist hier allerdings von Nöten, sofern ihr kein Monatseinkommen von 5.000€ Netto habt. Schafft ihr es allerdings jeden Monat auch nur ein bisschen bei Seite zu legen, ungefähr im niedrigen dreistelligen Bereich, dann könnt ihr ca. alle zwei Jahre problemlos aufstocken. Letztendlich solltet ihr in jedem Fall effizient handeln und dafür müsst ihr euch entscheiden. Seid ihr der leidenschaftliche Tuner, der ein auffälliges Show-Car fahren möchte, in dem viel Schweiß und Herzblut steckt? Oder wünscht ihr euch einen immer besseren und schnelleren Sportwagen?

Ich bin nebenberuflich damit beschäftigt, anderen Menschen mein Wissen über Autos, den Gebrauchtwagenmarkt, Finanzierungen, KFZ-Versicherungen und allem anderen was eben dazugehört, näher zu bringen und zu vermitteln. Man könnte sagen, der Hauptinhalt meiner Arbeit ist, Menschen und ihre Traumautos zusammenzubringen. Oder eben das Maximum an Traumauto, welches für das derzeitige Budget des Kunden zu bekommen ist. Dabei fällt mir vor allem immer wieder auf, wie viele Menschen glauben, sie müssten ein schlechtes und chronisch untermotorisiertes Auto fahren. Sie sind immer der Ansicht, sie könnten sich nichts anderes leisten. Und dann fahren sie entweder komplett alte Ranzkarren, wie beispielsweise einen Peugeot 107, den sie jeden zweiten Monat wegen irgendwelcher „Wehwehchen" in die Werkstatt bringen und diese teuer bezahlen müssen oder sie machen einen anderen riesigen Fehler. In diesem Fall leisten sie sich dann einen Škoda Fabia als Neuwagen für 20.000€ auf Kredit. Ich will wirklich nichts gegen Škoda sagen. Die Marke ist wirklich äußerst aufgewertet und somit recht edel und modern geworden. Genau wie übrigens Seat auch. Sie beide gefallen mir mittlerweile wirklich gut. Jedoch fährt man dann immer noch nur einen Škoda. Und das reißt niemanden vom Hocker. Schon gar nicht mit 20.000€ Schulden im Gepäck. Und für diese Summe sind wahnsinnig sportliche und wunderschöne Autos zu bekommen. Natürlich dann nur gebraucht. Aber das sollte theoretisch für niemanden ein Problem darstellen, denn als Privatperson einen Sportwagen zu kaufen, ist sowieso der größte Schwachsinn, seit es die „BILD-Zeitung" gibt. Da könnt ihr euer Geld auch direkt verbrennen. Einen Neuwagen zu kaufen oder zu finanzieren, ist das wirtschaftlich Dümmste was man machen kann. Vor allem dann, wenn sie noch eine hohe Ausstattungslinie haben und dafür einen viel zu kleinen Motor. Den niedrigsten Wertverlust haben hingegen Höchstmotorisierungen.

Ich empfehle auch grundsätzlich in den seltensten Fällen einen Kredit aufzunehmen oder einen Leasing-Vertrag zu unterschreiben. In seltenen Fällen ist tatsächlich sinnvoll, aber meistens sieht es leider eher so aus, dass die Menschen überhaupt nicht in der Lage dazu sind, mit solchen Finanzierungsmodellen umzugehen.

Aber es geht auch anders. Selbst wenn ihr nur ein altes, fast wertloses Auto besitzt oder nur ein paar Hundert Euro Startkapital habt, bietet euch das grundsätzlich schon die Chance auf ein halbwegs stilvolles Gefährt mit genug Leistung. Niemand muss einen Renault Clio oder derartiges fahren. Für das gleiche Geld gibt es beispielsweise alte Audis, BMWs und Mercedes', die trotz ihres Alters robuster und vor allem deutlich stilvoller sind. Darüber hinaus haben sie meistens auch eine angenehmere und charakteristischere Motorisierung. Dabei spielt es auch keine Rolle, wie viel Nutzwert das Fahrzeug haben muss. Denn fast alle von ihnen gibt es zum Beispiel auch als Kombi.

Wichtig ist vor allem, dass ihr euer monatlich übrig bleibendes Geld nicht in eine alte Karre investiert, die praktisch nur noch Schrottwert hat. Selbiges gilt für Reparaturen, als auch für Tuning. Denn das bezahlt euch beim Verkauf niemand! Gehört ihr allerdings zu den seltenen Fällen, dass ihr ein altes Auto fahrt, welches ihr so sehr liebt und so schön findet, dass ihr es nie wieder verkaufen wollt, dann erhaltet dieses auch. Auch das ist zwar wirtschaftlich eher weniger sinnvoll, aber Autos sind schließlich auch eine Herzensangelegenheit. Sonst gäbe es dieses Buch gar nicht. Fahrt ihr jedoch ein altes langweiliges Auto und startet quasi bei Null, wie es auch bei mir damals der Fall war, dann rate ich euch, so wenig Geld wie nötig in euer altes Fahrzeug zu stecken. Denn in der Regel bezahlt einem beim Verkauf eines alten Fahrzeuges niemand diese Investitionen. Bei Reparaturen als auch bei Tuning gleichermaßen. Natürlich müssen gewisse Sachen instand gehalten werden und das Fahrzeug muss euch sicher befördern können. Doch so lange ihr dieses Niveau halten und den TÜV befriedigen könnt, legt euer Geld lieber für etwas schöneres zurück. Ihr werdet sehen, wie schnell das geht und wie einfach es im Prinzip ist. Ihr benötigt nur ein bisschen Disziplin. Mein Tipp an euch ist: Haltet eure laufenden Kosten so gering wie möglich. Das gilt vor allem für das Auto selbst. Es ist mir zum Beispiel absolut schleierhaft, wie viele Menschen freiwillig, zig Hunderte Euro pro Jahr, zu viel an ihre Versicherungen zahlen, nur weil sie sich nicht richtig informieren. Und das im Endeffekt für eine schlichte Haftpflichtversicherung oder aber eine Kaskoversicherung, die sie wiederum gar nicht brauchen. Wenn ihr es schafft, konstant pro Monat, eine gewisse Summe beiseite zu legen, könnt ihr euch zusammen mit dem Verkaufserlös eures alten Fahrzeuges nach und nach immer bessere Autos leisten. Natürlich darf man sich von niemandem über den Tisch ziehen lassen und sollte auch immer nach Schnäppchen Ausschau halten. Aber unterm Strich ist es ganz einfach, sich hochzukämpfen, wenn man nur wirklich will. Selbst wenn ihr keine Großverdiener seid oder gar nur vom Mindestlohn lebt. Ich habe das selbst alles durch und weiß daher, dass es wunderbar funktionieren kann, wenn man nur wirklich will.

Die Szene

Willkommen in der Autoszene! So wurde wahrscheinlich noch nie ein Neuling begrüßt. Egal ob man mit dem Bike oder mit einem schönen Auto am Start ist. Das ist auch kein Wunder, denn die Autoszene ist kein Geschäft, das sich über euren Besuch freut. Sie ist vielmehr ein weltweit bestehendes Konstrukt aus Menschen, die eine Affinität zu schönen, luxuriösen, schnellen und sportlichen Autos und zum Tuning dieser Fahrzeuge hegen. Das Gleiche gilt für Motorradbesitzer und ihre Schätzchen. Dieses Konstrukt setzt sich meist aus Rudeln zusammen, wie ich es immer so treffend zu formulieren fand. Diese Rudel bleiben oftmals gerne unter sich und haben meist kein Interesse daran ihr Treffen zu vergrößern. Hat jemand Neues mal von sich aus den Mut sich anzuschließen, wird er argwöhnisch gemustert oder oft gar komplett ignoriert. Ein Verhalten von vielen Menschen, welches ich nie befürworten konnte. Zumindest tritt es bei jüngeren Leuten oft auf. Wenn sich allerdings ein Rudel so weit entwickelt hat, dass es sich als offizielle Crew bezeichnet, freuen sich die Leute über Zuwachs, neue Menschen, Autos und potentielle Mitglieder. Allerdings kann man über die Jahre bei vielen Crews beobachten, dass sie nach und nach vor die Hunde gehen und irgendwann komplett von der Bildfläche verschwinden. Oftmals liegt das leider daran, dass sie nicht wirklich mit den Menschen in der Szene umgehen können. Größere Crews hingegen, haben traurigerweise auch das Problem, dass sie kriminalisiert werden und ihre Veranstaltungen der Polizei ein Dorn im Auge sind. Ist dies erst mal der Fall, werden sie meist zerschlagen oder haben nach penetrantester Schikane nicht mehr die Kraft, die Nummer noch öffentlich weiter durchzuziehen.

Mir ist der Eintritt in die Szene damals zum Glück leichter von der Hand gegangen. Während ich zuerst mein eigenes Rudel in der Szene aufbaute, mit Leuten die selbst ebenfalls kein Teil der Szene waren, aber dennoch eine große Leidenschaft zu Autos hatten, bekam ich parallel noch einen anderen relativ angenehmen Anschluss an die offizielle Welt der Autoverrückten. Nämlich so, wie die meisten Leute erst hineinkommen. Durch einen Freund. Irgendwann wird man mal von jemandem herbeibestellt oder direkt mitgenommen und so fängt es dann an. Bei mir war es damals jemand, den ich entfernt aus meiner Kindheit kannte und zu dem ich dann erstmals wieder Kontakt hatte, weil wir das gleiche Auto in der Höchstmotorisierung fuhren.

Dies war mein Einstieg und parallel stieg meine eigene Gruppe unabhängig davon mit ein. Wie bereits im Vorwort erwähnt, entwickelte sich unser Zuwachs und unsere Popularität rasant. Bevor wir es selbst überhaupt richtig realisieren konnten, steckten wir schon knöcheltief in der Szene drin. Wir begannen tatsächlich auch unseren Lifestyle darauf anzugleichen. Größere Parkplatztreffen wurden zur Tagesordnung und es gab Tage, da sah die Straße vor meiner Wohnung aus, wie die vor „Toretto's Haus", nur das es tatsächlich sogar noch mehr Autos waren. Sie war gespickt mit lauter auffälligen, getunten und sportlichen Fahrzeugen. Ich schätze, ich muss wohl niemandem erklären wer „Dominic Toretto", alias Vin Diesel, ist. Wir bekamen irgendwann die Vision, die ganzen kleinen Rudel zu einer großen, gemeinschaftlichen Autoszene in unserer Stadt zusammenzuführen. Anfangs gelang uns dies auch ein wenig.

Nachdem man aber viele bekannte Gesichter der Szene kennengelernt hatte, fiel vor allem auf, dass ihre Absichten ein tolles Auto zu fahren, nicht immer angenehmer Natur waren. Die Autoszene ist wie unsere komplette Gesellschaft, nur in klein. Dort tummeln sich Menschen aus allen gesellschaftlichen Schichten, kulturellen Bereichen und mit verschiedensten Intellekten. Und wie das nun mal so ist: Je mehr Leute man kennenlernt, desto verschiedenere Charaktere befinden sich auch unter ihnen. Man kann natürlich auch nicht mit jedem auf einer Wellenlänge sein und leider sind auch immer wieder viele unter ihnen dabei, die auf gut Deutsch gesagt, es einfach nicht lassen können Scheiße zu bauen! Dazu scheinen Neid und Missgunst in den bildungsfernen Schichten auf dem Vormarsch zu sein. Der Eine gönnt dem Anderen sein Auto nicht und redet es hinter seinem Rücken schlecht. Erlaubt sich jemand mal ein neues Schätzchen oder erfüllt sich nach jahrelanger, harter Arbeit seinen Autotraum, so heißt es hinter seinem Rücken gleich, es sei finanziert oder geleast und gehöre der Bank. Auch wenn man ein noch so korrekter und netter Mensch ist und ein noch so schönes Auto hat worauf wirklich jeder steht, finden sie wirklich immer einen Grund jemanden zu verachten und niederzumachen, wenn sie selbst schlechter dran sind. Über mich wurde damals sogar erzählt, meine damalige Lebensgefährtin hätte mir mein Auto bei einer Bank finanziert und würde es mir auch regelmäßig auftanken. Liebe Leute, wir sind zwar noch nicht am Schluss des Buches angelangt, aber ich möchte jetzt schon einen Appell an euch aussprechen. Ich bitte euch inständig, nicht so missgünstig zu sein. Es ist genau wie am Arbeitsplatz. Wenn ihr euch plötzlich Sorgen um euren Job machen müsst, entwickelt ihr euren Intrigensinn, anstatt euren Geschäftssinn. Ihr beißt euch lieber mit schlechten Mitteln durch, um den schwachen Standard zu behalten, den ihr habt. Genau so ist es, wenn sich andere ein neues, besseres Auto leisten. Dann wird dieses direkt hinter dem Rücken der Besitzer schlecht geredet und ihr zieht darüber her. Gönnt es ihnen doch stattdessen, indem ihr euch mit ihnen an dem schönen Fahrzeug erfreut. Auf diese Art könnt ihr auch daran teilhaben und der Sache etwas Positives abgewinnen. Wenn das nicht reicht, dann arbeitet doch stattdessen daran, selbst ein besseres Auto zu bekommen. Wer sich das wirklich wünscht, für den ist das auch definitiv kein Problem. Es ist immer sinnvoller daran zu arbeiten, seine eigene Situation zu verbessern, anstatt jemand anderes in den Rücken zu fallen. Natürlich bitte nicht ohne Rücksicht auf Verluste.

Es gibt natürlich auch positive Seiten an der Szene. Freundschaften, respektvolles Miteinander, sauber ablaufende Tuningveranstaltungen und schlichtweg einfach die reine Freude an schönen Autos. Doch wer die Szene so sieht, befindet sich oftmals nur in seinem eigenen Rudel. Denn nach und nach entpuppt sich außerhalb des eigenen Rudels immer wieder viel Positives als Fassade und die Menschen sich als oberflächlich und neidvoll. Am schlimmsten ist es im Internet. Der Schwachsinn der dort in Foren verbreitet wird, das „Gehate“ in Kommentaren unter YouTube-Videos und Facebook-Posts und die „Shitstorms“, die dort immer wieder losgetreten werden, sind beinahe grenzenlos. Genau so wie das primitive Prekariat, welches in der Regel hinter diesen Aussagen und Posts steckt. Doch damit noch längst nicht genug, denn es gibt auch Teile der Szene, wo man nicht so einfach hereinkommt. Man gerät eher unfreiwillig oder zufällig hinein. Mit der Shisha auf dem Parkplatz "chillen" und auf der Straße daneben die ersten zwei Gänge mit Vollgas durchprügeln, um den Macker raushängen zu lassen, ist längst nichts besonderes. Das gehört einfach dazu. Illegale Straßenrennen, betrunkene Autofahrer, Provokationen, Nötigungen, zugemüllte Parkplätze und die üblichen negativen, menschlichen Eigenschaften spiegeln hingegen die tatsächlichen Schattenseiten der Szene wider. Wenn ihr dort angelangt seid, steckt ihr richtig tief drin. Das kann mächtig unangenehm werden, wenn man wie ich, eher friedlicher Gesinnung ist, sich aber nun mal auch nicht jeden Mist gefallen lässt. Hier sollte die Staatsgewalt mal ansetzen und nicht bei Leuten die mal kurz auf einer freien Autobahn nebeneinander fahren und sehen wollen, welches ihrer Autos die Nase vorne hat. Wofür haben wir denn die weltweit fast einzigartige Freiheit, keine Geschwindigkeitsbegrenzung auf unseren Autobahnen zu haben? Niemand fährt dauerhaft am Stück 280 Km/h. Um kurze Beschleunigungsorgien geht es! Stattdessen schmeißt sich der Staat mit aller Gewalt auf harmlose Tuner, die ganz andere Absichten haben und keiner Fliege etwas zu Leide tun. Tuner zu sein macht in diesem Land eindeutig keinen Spaß mehr. Der stumpfe und systemtreue Gutbürger und die Politik setzen Tuner mittlerweile gefühlt mit Verbrechern gleich. Natürlich sollten irgendwo technische Grenzen eingehalten werden, um die Fahrsicherheit zu bewahren. Aber wenn ich eine dicke, dreistellige Geldstrafe kassiere, weil mein Auto fünf Millimeter zu tief ist und trotzdem noch in allen Belangen sicher unterwegs ist, kann mir niemand weiß machen, dass es in diesem kapitalistischem Staat dabei um die Fahrsicherheit geht.

Meine persönlich unangenehmste Erfahrung war in Nordrhein-Westfalen auf einem größeren Tuningtreffen: Ich hatte gerade ein neues Auto bei einem Händler gekauft. Vom Vorbesitzer waren noch die Blinker auf Dauerlicht codiert. US-Standlicht, wie es auch genannt wird. Das sah zwar super aus, war aber nicht so klug. Im Nachhinein frage ich mich, ob der Händler das gewusst oder übersehen hat, denn normalerweise hätte er mir das Fahrzeug so, also ohne Betriebserlaubnis, gar nicht verkaufen dürfen. Mit diesem Fahrzeug bin ich zwei Tage später am „Car-Freitag" zur Saisoneröffnung auf ein Tuningtreffen gefahren. Während Leute in ihren giftgrünen Ford Focus RS und quitschgelben Chevrolet Camaro SS mit Vollgas provokant an den kontrollierenden Polizisten vorbeigefahren sind, juckte die das offenbar nicht die Bohne. Stattdessen suchten sie natürlich unter tausenden potentiellen, auffälligen Fahrzeugführern ausgerechnet mich für eine ihrer wenigen Kontrollen aus und das, obwohl ich sachgemäß und nicht provokant unterwegs war. Darüber hinaus war mein Auto auch deutlich weniger auffällig, als die eben erwähnten Fahrzeuge. Sie führten eine vollständige Fahrzeugkontrolle nach den ihnen zur Verfügung stehenden Mitteln durch. Von sinnlosen Verschränkungstests mit Holzbrettern und Smartphone-Apps zur Lautstärkemessung der Abgasanlage, haben die Beamten zum Glück abgesehen.

Dafür stellten sie aber fest, dass meine Blinker, wie schon erwähnt, auf Dauerlicht codiert waren. Sie ließen mich weiterfahren, sagten aber, dass sie um die Ausstellung einer Mängelkarte nicht herumkommen würden. Ich selbst hatte die unsachgemäße Codierung der Blinker noch gar nicht richtig wahrgenommen, weil es einfach vom Gesamtstil her zu dem Auto passte. Ich hielt die Beleuchtung für das Standlicht, da dieses ebenfalls schon ab Werk bei diesem Fahrzeug leicht orange war und sich direkt neben den Blinkern befand. Außerdem sieht man sich selbst ja ungefähr so oft blinken, wie man beim Fahren auf dem Rücksitz seines eigenen Autos Platz nimmt. Schwerfällig murrend nahm ich das Urteil der Polizisten hin. Ein Bekannter, der ebenfalls auf dem Tuningevent anwesend war, hat mir per Smartphone-App und OBD-Bluetooth-Adapter innerhalb von zwei Minuten die Blinker auf ordnungsgemäße Funktion zurückprogrammiert. Wir gingen noch einmal zu den Beamten, keine fünf Minuten, nachdem ich dort weggefahren war. Das Auto befand sich nun im gewünschten Zustand und hatte wieder ordnungsgemäß eine Betriebserlaubnis. Daher hätten sie ein Auge zudrücken und das Urteil zurücknehmen können. Aber natürlich ließen sie nicht mit sich reden. Im Gegenteil. Die älteren Herrschaften taten sogar so, als wären wir gar nicht anwesend und ignorierten uns. Irgendwann nahm mich ein junger Polizist zur Seite und sagte unfreundlich: „Junge, nimm deine Strafe einfach hin. Ob das Auto jetzt im korrekten Zustand funktioniert oder nicht, interessiert hier keinen mehr!“ Danach stürzten sie sich auch auf die auffälligeren Kandidaten. Sie begannen ein gegenüberliegendes Parkhaus zu blockieren, damit der Fahrer eines auffällig folierten und komplett durchgetunten

BMW M6 V10 nicht mehr herauskonnte. Anschließend nahmen sie ihn in die Mangel und sein Auto fast komplett auseinander. Sechs Wochen später bekam ich dann Post. Ich fiel fast hintenüber, als ich las was darin stand. Ich hätte angeblich durch meine Blinker die Sicherheit des Straßenverkehrs extrem gefährdet und maßgeblich beeinträchtig. 120€ und einen Punkt in Flensburg waren die Folgen. Das war wieder einer dieser einschneidenden Momente, in denen man sich mittlerweile einfach nur noch vom Staat sichtlich betrogen fühlt. Mit Verkehrssicherheit hat das nicht im Geringsten etwas tun. Geschweige denn mit extremer Verkehrsgefährdung. Für mich grenzt das eher an Ausbeutung.

Im darauf folgenden Jahr war ich tatsächlich erneut auf der Veranstaltung. Das Aufkommen der Polizei war noch deutlich höher als das Jahr zuvor. Ich erinnere mich noch, wie die sogenannten Ordnungshüter, wobei sie offenbar bei solchen Veranstaltungen eher Kassenwarte zu sein scheinen, einen alten, knallroten BMW 850CSi stilllegten und abschleppen ließen. Der Grund dafür war, dass dieser zu einem Tuningunternehmen gehörte und mit dem roten Kennzeichen, welches das Unternehmen besaß, angereist war. An einem Feiertag mit einem roten Kennzeichen zu fahren, ist allerdings nicht immer zulässig, da es von diesen roten Nummernschildern verschiedene Varianten gibt und die meisten davon an Feiertagen nicht eingesetzt werden dürfen. Fahrer die ihre hoch motorisierten Autos wie wild geworden mit 120 Km/h durch die Stadt gejagt hatten, wurden allerdings nicht angehalten...

Ein Jahr später war ich nicht mehr dort anwesend. Die Lust war mir verständlicherweise vergangen. Ich habe allerdings durch Medien, Freunde und Bekannte mitbekommen, was sich dort abgespielt hat. Mittlerweile war sogar die Militärpolizei anwesend, bewachte das komplette Event und unterstützte auf einschüchternde Art und Weise die Arbeit der Beamten. Auch das Jahr danach war ich nicht präsent, da die Art und Weise der Polizei, wie sie mit harmlosen Autofans umgeht, mir einfach komplett zu wider war. Nach den Ereignissen auf der Essen Motor Show 2018 hatte auch ich die Schnauze endgültig gestrichen voll. Ich verfolgte allerdings trotzdem die Geschehnisse auf dem Car-Freitag. In den Medien bekam ich mit, dass es mittlerweile bei harmlosesten Kleinigkeiten Stilllegungen hagelte. Darüber hinaus wurde ein Versammlungsverbot über das komplette Osterwochenende von der Stadt ausgesprochen. Sämtliche Tuningfahrzeuge und alle anderen auffälligen Autos, die von der Polizei gesichtet wurden, bekamen Stadtverweise und mussten diese sofort verlassen. Zuvor wurden sie allerdings noch wie Vieh an Reifen und Felge mit nicht abwaschbarer Farbe markiert und das Kennzeichen wurde notiert und einer Kartei hinzugefügt. Bei Wiedereinfahrt in die Stadt drohte sofortige Stilllegung des Fahrzeuges und weitere Strafen wegen der Missachtung der Verweisung. Ob die Leute in der Stadt wohnhaft waren oder nicht, ob mit dem mittlerweile zerschlagenem Tuningevent in Verbindung standen, ob sie Tuner, Autofans oder einfach nur ganz normale Bürger mit einem teuren oder schönen Auto waren, interessierte die Beamten nicht. Später erfuhr ich, dass solche Aktionen erstmals auch in anderen Städten Deutschlands von der Polizei an diesem Tag durchgeführt wurden. Einen Tag später deklarierte der Kern der Tuningszene dieser Stadt, der für die Organisation der jährlichen Saisoneröffnung verantwortlich war, auf Facebook seine restlose Auflösung an. Ein äußerst bitteres Ende, wie ich finde.

Als positiv empfand ich an der Szene vor allem immer große Tuningtreffen, die eher professionell organisiert waren. Vor allem von Autohäusern und Tuningfirmen. Diese liefen meist ohne großartige Auffälligkeiten ab und waren von der Stimmung unter den Leuten recht familiär gehalten. Gerade letzteres sagte mir vor allem immer sehr zu. In der Regel werden diese Treffen auch sauber und ohne viel Krawall verlassen. Allerdings ist mir hier in den letzten Jahren aufgefallen, dass viele professionelle Organisatoren die Treffen nicht mehr um des Tunings Willen veranstalten, sondern aus wirtschaftlichen Gründen. Wenn der Einlasspreis zu einem Tuningtreffen von Jahr zu Jahr ansteigt, die Organisation und der Aufwand aber der Gleiche bleiben, vergeht mit persönlich die Lust an solchen Treffen. Ein wenig Eintritt zu bezahlen ist okay, wenn der Organisator auch entsprechende Kosten zu verbuchen hat. Diese soll er dann auch selbstverständlich wieder hereinbekommen. Aber für den Einlass 20€ pro Kopf zu verlangen und für einen Parkplatz auf dem das Auto auch gesehen und gut präsentiert wird 100€ oder sogar mehr zu kassieren, grenzt an Wucher! So etwas missfällt mir extrem und ich sehe da nichts, aber auch gar nichts Positives dran! Bei solchen Events ist ganz klar, dass es den Veranstaltern nicht mehr um die Autos und um das Zusammenkommen geht, sondern um

Profit. Auch die bereits erwähnte Tuningfirma „Simon Motorsport“ veranstaltet jährlich ein sympathisches, eintägiges Tuningtreffen names "Summer Breeze". Der durch YouTube berühmt gewordene Gründer und Inhaber der Firma, Franz Simon, beklagt sich die letzten Jahre ebenfalls zunehmend über regelrechte Polizeischikane. Einerseits insofern, dass seine eigenen Ausstellfahrzeuge auf ihrem Dienstweg zur Essen Motor Show, legal getunt und vom TÜV abgenommen, angehalten und stillgelegt wurden. Andererseits aber auch darüber, dass sein eigenes Tuningevent „Summer Breeze“, welches jährlich im August stattfindet, mittlerweile „kaputt gemacht“ wurde, wie er selbst angibt.

Zitat von Simon Motorsport auf Facebook (18.08.2019):

„Hiermit möchte ich mich ganz herzlich bei allen Besuchern die den Weg trotz Regen und unendlich vieler Polizeikontrollen auf sich genommen haben um mit uns #summerbreeze3 zu genießen und einen coolen Tag zu erleben bedanken!!!! Leider haben uns das Wetter und einige andere Sachen einen ordentlichen Strich durch die Rechnung gezogen so das nicht alles so gelaufen ist wie geplant, das kann ich euch sagen. Wird es ein #summerbreeze4 geben? Gute Frage, denn vielleicht wurde es auch geschafft dieses Event für die Zukunft kaputt zu kriegen.... Mal sehen! Des Weiteren möchte ich mich auch noch bei meinem Team, den Ausstellern und allen die mitgewirkt haben bedanken!

Euer Franz Simon“

Einige Tage später folgte noch mal ein ähnlicher Post, in dem er sich erneut bedankte, aber auch ebenfalls die unglaublich penetrante Präsens der Polizei anprangerte. Der Hobbytuner, der Spaß an der Umgestaltung seine Autos hat, als auch der professionelle Tuner, welcher seine Leidenschaft als Beruf ausübt, geraten immer mehr und mehr ins Visier der öffentlichen Medien und der Politik und werden zunehmend als Verbrecher publiziert. Dabei gehen diese Leute einfach nur mit Schweiß und Geld ihrem geliebten Hobby nach, wie ein Golfer, ein Koch, ein Marathonläufer oder ein Angler auch. Die Frage ist nur, wer dieses Hobby ausübt und wie er mit den Gegenständen umgeht. Ein Auto kann gefährlich werden, wenn es falsch eingesetzt wird, wenn jemand seine Grenzen nicht kennt oder gar ausreizt oder wenn er ohne Rücksicht auf Verluste handelt. Aber das Gleiche gilt auch für einen Sportler mit Golfschläger, für einen Gourmet mit Kochmesser oder für einen Fischer mit Angel. All diese Gegenstände können tödliche Waffen sein. Auch der Marathonläufer kann an einem plötzlichen Herzinfarkt sterben. Die Frage ist, wer das Fahrzeug, das Messer oder den Golfschläger führt und wie er die Gegenstände einsetzt. Ist es jemand, der einfach sein Hobby ausübt oder jemand, der Dinge nicht mit Bedacht einsetzt? Ist es jemand, der sich im Griff hat oder sich zu einem Rennen provozieren lässt oder in emotionalen Situationen beispielsweise zu Aggressionen neigt und selbst eine solche Situation anzettelt. Die aktuellen Entwicklungen lassen nur einen Schluss zu: Der Staat muss aufhören, harmlose Bürger zu verpönen und sich die Kassen zu füllen. Am Ende ist das Geschrei wieder groß, wenn die Bürger versuchen sich über die ihnen gegebenen Mittel Gehör zu verschaffen und aus Protest die „AFD“ wählen. Wer jetzt denkt, dass ich zu diesen Protestwählern gehöre, den muss ich allerdings enttäuschen. Ich bevorzuge eher progressive Politik. Es macht keinen Sinn eine konservative Kriminalisierungspolitik gegen Tuner zu führen, sich dauernd über Geschwindigkeitslimits zu streiten, neue Gesetze gegen zu laute Abgasanlagen zu entwerfen und ständig neue Radarfallen aufzustellen. Was wird als nächstes verboten? „Need for Speed“ auf der Konsole zu zocken, weil uns das animieren könnte, halsbrecherische Fahrmanöver zu machen?! Oder Formel 1 zu gucken, weil wir womöglich unsere Autos dann genau so laut machen wollen?! Der Staat macht sich bloß noch mehr Feinde, wenn er die größte Szene im ganzen Land mehr und mehr unnötig reizt. Man sollte daher nicht die Energien auf die lenken, deren Auto ein paar Millimeter zu tief sind oder deren Felgen ein paar Millimeter zu groß sind. Diese Menschen gefährden weder sich selbst, noch andere. Stattdessen sollte die „Rennleitung“ ihre Aufmerksamkeit auf die wenigen Menschen richten, die die Szene so in Verruf bringen. Ich spreche von den Rasern, welche die Schattenseiten aufleben lassen und die Rücksichtslosen, die mit drei Promille nachts 30 Km und mehr nach Hause fahren.

Wenn ihr in die Bredouille kommt, euch in einer Verkehrskontrolle wiederzufinden, in der ihr eure Fahrzeuge wahnwitzigen Verschränkungsprüfungen unterziehen müsst oder in der die Beamten mit einem nicht geeichten Smartphone-Mikrofon per App die Lautstärke eurer Abgasanlage messen wollen, bleibt entspannt. Ihr sitzt sowieso nicht am längeren Hebel und mit Beamten, seien sie im schlimmsten Fall noch so machtgierig und rechthaberisch, sollte man sich nur mit Unterstützung eines Anwalts anlegen. Versucht besonnen und in einem vernünftigen Ton mit den „Blauen“ zu reden. Meist funktioniert dies auch. Versucht das übliche Katz-und-Maus-Spiel zu vermeiden und spielt mit offenen Karten. Die Unschuldsnummer des Ahnungslosen zieht heutzutage sowieso bei keinem Cop mehr. Und viele Polizisten wissen sehr genau was Phase ist. Verhaltet euch ihnen gegenüber menschlich und mit einem gesunden Respekt. Sie sind schließlich auch nur Menschen und mit allem anderen, könnt ihr die Situation lediglich verschlimmern. Sollten aber alle Stricke reißen, solltet ihr von den Polizisten falsch behandelt, erniedrigt, beleidigt oder euer Auto gar zu Unrecht stillgelegt werden, dann wehrt euch! Ich habe sogar schon auf einer Tuningveranstaltung bei Kontrollen mitbekommen, dass ein Polizist eine Mängelkarte an eine Fahrzeugbesitzerin ausgestellt hat, weil diese ihren Subwoofer von der Soundanlage im Fahrzeug nicht beim TÜV hat eintragen lassen. Laut des Polizisten, welcher wirklich händeringend nach irgendwelchen technischen Makeln suchte, müsse ein Subwoofer vom TÜV abgenommen werden. Dies grenzt wirklich an Dystopie und zeigt teilweise absolute Dekadenz bei der „150-PS-Gang“. Doch der Polizist darf nun mal von Gesetzeslage her alles anzweifeln und notfalls das Fahrzeug sogar stilllegen lassen. Ob dies nun berechtigt ist oder nicht, wird erst Wochen später geklärt und bis dahin hat man mächtig Ärger und Kosten an der Backe. Doch es gibt auch Gott sei Dank noch viele vernünftige Polizisten, die mit gesundem Menschenverstand vorgehen und das machtgierige Verhalten ihrer Kollegen anprangern. Solltet ihr allerdings einen solch negativen Sonderfall durchleben müssen, wie er hier zuletzt beschrieben wurde, gibt es einen Ansprechpartner. Der „**T**uning**S**zene**A**nwalt“, auch TSA genannt, ist mittlerweile mit mehreren Kanzleien in Deutschland vertreten und der absolut beste Ansprechpartner für rechtliche Anschuldigungen und Verfahren bezüglich Tuning jeglicher Art, Strafzetteln, Geschwindigkeitsüberschreitungen, Radarfallen, Polizeikontrollen, Tuningveranstaltungen und allem was sonst noch rund um die Themen Autos, Tuning, Bikes usw. dazugehört. Steckt ihr bei solchen Themen in rechtlicher Not, wendet euch vertrauensvoll an den TSA.

Epilog

In meiner Heimatstadt steht in der Wohngegend, in der ich den schönsten Teil meiner Kindheit verbracht habe, seit vielen Jahren schon, immer in derselben Straße, an derselben Stelle, ein alter Audi A3 8L. Er hat silberne Außenspiegel und ein RS3-Logo auf dem Heck. Amüsanterweise ist ein weiteres Emblem am Heck zu entdecken: „1.9 TDI". Und jeder der auch nur ein bisschen Ahnung von Autos hat, weiß: Das verträgt sich irgendwie nicht mit einem RS-Logo. Darüber hinaus sind silberne Außenspiegel bei Audi ausschließlich den S- und RS-Modellen vorbehalten. Der Eigentümer des Fahrzeuges wollte offenbar andeuten, einen RS3 zu besitzen und keinen A3 Diesel. Der größte Burner war allerdings, dass es von dieser Generation des Audi A3 noch gar keine RS-Variante gab. Zum Vergleich: Ein A3 8L TDI leistete damals zwischen 90 PS und 130 PS. Ein RS3 allerdings leistete, in der Fahrzeuggeneration, in der es ihn auch tatsächlich gab 340 PS bis sogar 400 PS. Liebe Leser, bitte versucht euer Auto nicht zu etwas Besserem zu faken, als es eigentlich ist. Bitte klebt euch keine Badges (Embleme, Aufkleber, Logos) von Höchstmotorisierungen auf euer Auto, wenn es keine Höchstmotorisierung ist. Egal ob ST, R, GTI, RS, AMG, M, Cupra, Type-R oder sonst etwas. Da ist wirklich absolut nichts cooles dran! Es ist einfach nur peinlich. Wie gewollt und nicht gekonnt. Wenn jemand an seinem Ford Ka das Ford-Logo entfernt und durch ein Mustang-Emblem ersetzt, ist das ja noch mit einem gewissen Humor verbunden. Zumindest kann ich mir nicht vorstellen, dass das bei den Besitzern etwas anderes ist, als humorvolle Selbstironie. Wenn ihr keinen AMG fahrt, dann klebt euch bitte auch kein AMG-Emblem hinten drauf. Das macht den 180er Benz auch nicht schneller und schon gar nicht cooler oder geschweige denn zu einem echten AMG.

Erst neulich ist mir ein Auto begegnet, dessen Kennzeichen „**XX RS 4**" lautete. Dazu hatte der Besitzer an den theoretisch korrekten Positionen RS4-Logos am Heck angebracht. Doch schon allein am Auspuff erkannte ich, dass es ein normaler Audi A4 B5 mit Vierzylinder-Diesel war. Mit einem echten RS4 hatte das leider rein gar nichts zu tun. Vorne, schräg über den Seitenschwellern, hatte er noch V6T-Badges unterhalb der A-Säulen angebracht. Doch solche besitzt ein serienmäßiger RS4 B5 gar nicht. Diese findet man erst bei neueren Modellen. Außerdem hatte er noch im Kühlergrill und am

Heck S-Line-Logos aufgeklebt. Auch die sind bei einem echten RS4 nicht vorhanden, da es erstens, damals die S-Line-Ausstattung zu Zeiten des B5 ebenfalls noch nicht gab und zweitens, die S- und RS-Modelle niemals diese Ausstattungsvariante haben. Aus einem einfachen Grund. Die S-Line ist eine Anlehnung an die S- und RS-Modelle und zwar in Form einer edlen, sportlichen Ausstattungslinie für die normalen Modelle (A- und Q-Modelle) und deren normalen Motorisierungen. Die richtigen S- und RS-Modelle sind also gewissermaßen über der S-Line angesiedelt.

Der Fahrzeugbesitzer hatte nicht nur versucht mit den Aufklebern den echten RS4 zu faken, er hat es auch noch aus seiner Ahnungslosigkeit heraus peinlich schlecht gemacht. Ein Kenner hätte zudem sofort an der Fahrwerkshöhe und an den Stoßstangen erkannt, dass es sich mit an Sicherheit grenzender Wahrscheinlichkeit nicht um einen echten RS4 B5 handelt. Darüber hinaus war das Fahrzeug auch in einem furchtbar schlechten Zustand. Rost an fast jedem Karosserieteil, davon einige Stellen mit einem Lackstift ausgebessert. Kratzer und Schrammen auf dem ganzen Auto und weitere heftige Gebrauchsspuren. Einen echten RS4 aus dieser Baureihe würde niemals jemand so verkommen lassen. Diese Autos waren zu ihrer Zeit eine Ikone in Sachen Turbotechnik und die Anführer der Power-Kombis. Heute sind sie heiß begehrt und steigen mittlerweile auch wieder im Wert.

Ein paar Wochen danach sah ich den alten Audi erneut auf dem Parkplatz, wo er mir auch schon zuvor aufgefallen war. Dieses Mal inklusive Besitzer. Als ich ihn freundlich darauf ansprach, weshalb er so etwas wohl mache, witzelte er eine

Weile umher und versuchte die Sache humorvoll darzustellen. Da das aber nicht gerade authentisch rüberkam, fragte ich ihn mit immer noch höflichem Ton, ob er nie darüber nachgedacht hätte, dass ihm das peinlich sein könnte, eine Höchstmotorisierung zu faken. Anschließend fragte ich ihn, warum er sich keine Mühe gebe, einen richtigen RS4 zu fahren, wenn er dieses Modell gerne hätte. Ich hatte mit allem gerechnet. Ein Ausweichen meiner Frage, eine patzige Antwort, eine Ausrede. Stattdessen fing er an vor sich hinzustottern, stieg in sein Auto und fuhr einfach weg. Ihm wurde die Situation sichtlich unangenehm und er hatte keine passende Antwort parat.

Ich habe auch schon des Öfteren Menschen getroffen, die beispielsweise behaupteten, sie führen einen Golf R oder einem BMW M. Da es in jedem Fall immer junge Frauen waren, die sich nicht großartig in ihrem Leben für Autos interessierten, kam dann immer relativ schnell der Moment, wo man stutzig wurde. Ihnen ging es schließlich auch nicht um die Motorisierung, sondern um ein schickes, modernes Automobil. Es stellte sich tatsächlich bisher jedes Mal heraus, dass sie keinen Golf R, Audi S oder BMW M fuhren, sondern lediglich ein ganz normales Fahrzeug, welches dann allerdings mit der R-Line, der S-Line- oder dem M-Paket ausgestattet war. Bei jungen Mädels, die sich nicht für Autos interessieren, kann man allerdings schon mal darüber hinwegsehen, dass sie den Unterschied zwischen R und R-Line, also zwischen Höchstmotorisierung und edler Sportausstattung nicht kennen.

Zum Schluss möchte ich euch noch eine kleine Anekdote aus meiner Studienzeit erzählen. Bitte ziert euch nicht, euer Auto auch mal zu scheuchen, wenn der Motor warm und die Bahn frei und sicher ist. Damit will ich sagen, dass ihr das Gaspedal ruhigen Gewissens auch mal durchtreten dürft. Egal ob ihr 50 PS oder 500 PS unter der Haube habt. Dieser Appell geht natürlich nur an die Ruhigeren unter euch, denn vermutlich fühlen sich alle anderen Autofreaks sowieso entsprechend frei, ihr Auto regelmäßig über die Piste zu jagen.

Mit einem damaligen Studienkumpel hatte ich mal einen älteren Jaguar in der Werkstatt, den er von einer ebenfalls älteren Dame (70+) übernommen hatte. Ursprünglich gehörte das Fahrzeug ihrem Mann. Dieser verstarb allerdings und sie nutzte das Fahrzeug fortan für Einkäufe, Fahrten zum Arzt und was alte Damen eben noch so an Kurzstrecken zu erledigen haben. Als sie sich nicht mehr zum Fahren imstande sah, verkaufte sie den Wagen. Meiner Meinung nach eine sehr weise Entscheidung. Die gefährlichsten Situationen, in die ich persönlich mit meinem eigenen Kraftfahrzeug im Straßenverkehr verwickelt war, wurden tatsächlich immer durch Rentner verursacht. Entweder haben sie mir die Vorfahrt genommen, weil sie schlichtweg überhaupt nicht geguckt haben, ob jemand kommt oder sie haben sogar die Verkehrsregeln an der jeweiligen Stelle komplett ignoriert.

Landstraßen, geschweige denn eine Autobahn hatte der "Jag" für einige Jahre nicht mehr gesehen, obwohl sich sein großer V8-Motor dort sehr wohl gefühlt hätte. Wir mussten schon beim Kauf feststellen, dass der Motor null Agilität besitzt und einen Großteil seiner ursprünglichen Leistung nicht mehr aufbringen konnte. Zugegeben, es handelte sich nicht gerade um eine sportliche Maschine, sondern um ein Cruiser-Modell, wie es so oft bei älteren V8-Motoren der Fall ist. Zusätzlich fraß ein veraltetes Wandlerautomatikgetriebe auch noch einen großen Teil der Leistung und der Spritzigkeit. Aber wir merkten sofort, dass das nicht alles war und irgendwas mit der Leistung nicht stimmte. Einige Tage später stellte sich dann in der Werkstatt heraus, dass die Drosselklappe aufgrund ihre niedrigen Beanspruchung im wahrsten Sinne des Wortes eingerostet war. Ab einer bestimmten Zugstellung blockierte sie am Boden das Ansaugrohres und öffnete sich einfach nicht weiter. Das Problem war also simpel, genau wie auch seine Ursache. Denn die war ganz einfach, dass das Auto jahrelang im Grunde fast nur über den Teillastkanal angesaugt hat, da das Gaspedal so gut wie nur gestreichelt wurde und der Volllastkanal über Jahre hinweg offenbar nicht mehr benutzt wurde. Hier zeigt sich übrigens auch, dass Rentnerfahrzeuge bei weitem nicht so perfekt sind, wie sie der Volksmund darstellt. Es stimmt zwar, dass sie oftmals Garagenfahrzeuge sind, gepflegt und darüber hinaus nicht getreten werden. Aber der Jaguar ist das perfekte Beispiel dafür, dass Rentnerfahrzeuge tatsächlich sogar manchmal zu sanft behandelt werden und dadurch wieder neue Tücken auftreten können. Und eines ist zudem allgemein bekannt: Ausschließlich Kurzfahrten tun keinem Motor gut! Vor allem Diesel- und Turbomotoren nicht. Und viele Rentner verzichten so gut es geht auf weitere Strecken, weil sie sich beim Fahren unsicher fühlen. Oftmals wird der Motor gar nicht erst richtig warm. Auch die oftmals bei Rentnern hohen

Standzeiten der Fahrzeuge tun ihnen nicht gut. Ein Auto wird vom Herumstehen nicht hochwertiger. Fahrwerke setzen sich fest, Bremsen fangen an wie verrückt zu oxidieren und das Beispiel mit dem Motor hatten wir ja schon. Oft sind Rentnerfahrzeuge auch ungepflegte "Ranzkarren". Darüber hinaus vernachlässigen viele Rentner auch die Wartung des Fahrzeuges, da sie den vorgegebenen Intervall schlichtweg nicht beachten und sich für Ölwechsel und co. nicht interessieren. Auch wird mit dem Waschen des Autos und dem Reinigen der Felgen lockerer umgegangen, weil es im Alter dann halt einfach nicht mehr so geht und die körperliche Anstrengung nicht im Verhältnis zu dem Ergebnis eines sauberen Autos steht. Also Augen auf beim Autokauf! Die Gepflegtheit der vom Volksmund so angepriesenen Rentnerfahrzeuge ist bei weitem nicht so existent wie es sich viele gern einbilden. Dass alle Rentnerfahrzeuge top sind, ist purer Aberglaube.

Mit meinem alten Audi 100 war ich regelmäßig auf der Autobahn, aufgrund der Entfernung zwischen meiner Studien- und meiner Heimatstadt. Jung und wild, wie man nun mal war, hab ich ihm oft über mehrere Stunden hinweg die Sporen gegeben, denn sparsam war er ohnehin nicht und es bereitete mir in jungen Jahren auch eine Menge Freude zu sehen, was der Sechszylinder drauf hatte. Also fuhr ich nach dem Motto: Wenn er schon so viel säuft, dann soll es sich auch lohnen und ich dabei etwas spüren. Nicht selten habe ich seine Höchstgeschwindigkeit ausgereizt. Ich weiß, es ist heutzutage nicht viel, aber er war mit 208 Km/h Vmax laut

Bordhandbuch angegeben. 207 Km/h hat er laut GPS geschafft. Auf dem Tacho zeigte er dann allerdings irrwitzige 225 Km/h an. Ein gutes Beispiel dafür, wie falsch oftmals die Tachos laufen und wie sehr sie bei hohen Geschwindigkeiten überziehen. Vor allem bei älteren Fahrzeugen tritt dies häufig auf. Bei dem Auto, das ich davor besaß, war es noch schlimmer. Fuhr man nach Tacho exakt 200 Stundenkilometer, zeigte das Navigationsgerät hingegen gerade mal 175 Km/h an. Aber dieses Auto war eh eine recht humorvolle Angelegenheit für sich. Egal um welches Thema es ging.

Nach solchen Autobahnfahrten mit dem alten, aber stilvollen Audi merkte ich, wie der Motor dann anschließend bei Beschleunigungen auf Landstraßen regelrecht besser durchzog und für sonst gleiche Beschleunigungen weniger Gaspedalstellung nötig war. Auch wenn das für den ein oder anderen vielleicht widersprüchlich klingen mag, man konnte regelrecht spüren, wie die hohe und lange Beanspruchung unter Volllast dem Motor gut getan hat. Es war, als wäre er „freigebrannt“ worden. Ihr seht also, es lohnt sich, auch mal auf den Pin zu treten. Denn auch das Motorsteuergerät registriert dies und passt sich an. Bei moderneren Fahrzeugen wird die Fahrweise des Fahrzeuges dauerhaft überwacht und hierdurch die Motorsteuerung der Fahrweise angeglichen. Tatsächlich ist es sogar der Fall, dass wenn man mit einem Fahrzeug immer nur umherschleicht und dem Motor nie die Sporen gibt, die volle Leistung irgendwann für eine gewisse Zeit nicht mehr hundertprozentig abrufbar ist. Durch ein wenig treten des Motors und ein paar Beschleunigungsorgien lässt sich dies allerdings beheben. Die Ruhigeren unter euch, dürfen ihr Schätzchen also reinen Gewissens auch mal treten und über die Piste jagen.

Als kleinen Schlussappell möchte ich euch und eure autoverrückten Freunde, Rudelmitglieder, Verwandten und Bekannten dazu aufrufen, respektvoller untereinander und mit anderen aus der Autoszene umzugehen und ein paar gesellschaftliche Gepflogenheiten zu beachten. Was meine Gruppe und ich damals in der Szene erlebt haben, war wirklich nicht mehr feierlich. Parkplätze wurden in wenigen Stunden komplett verwüstet und zugemüllt und dann einfach verlassen. Innerorts werden nachts halsbrecherische Rennen gefahren, bei denen es meist nur darum ging, zu beweisen, wer „den Längeren“ hatte. Oftmals ist dies mit weit mehr Glück als Verstand ausgegangen. Manchmal aber auch schlimmer und selten sogar tödlich. Es ist unglaublich, in was für unangenehme Situationen man dadurch verstrickt wurde. Die Hemmschwellen werden immer niedriger, das Aggressivitätsniveau dagegen immer höher und die Autos immer schneller. Die Gegenreaktionen vom Staat sind neue Gesetze gegen illegale Straßenrennen, immer mehr Blitzer und Sanktionen in Form von kompletten Versammlungsverboten und immer schärferen und penetranteren Überwachungen von Tuningveranstaltungen. Beispielsweise an Saisoneröffnungstagen. Getunte, auffällige, sportliche oder schnelle Autos werden auch ohne schlechtes Benehmen der Stadt verwiesen oder gar unberechtigt stillgelegt. Denn bei Exekutive und Legislative sieht es gleichermaßen aus. All diese Vorfälle sind für die „Rennleitung“ ein gefundenes Fressen und wild gewordene

Verkehrspolizisten suchen nach Makeln noch und nöcher. Fakt ist aber, dass dieses unangenehm verschärfte Verhalten eine Reaktion ist. Eine Reaktion auf das immer niveaulosere und prolligere Verhalten der Tuning- und Autoszene. Es möchte doch niemand, dass es so weitergeht und sich die Lage weiterhin zuspitzt. Deshalb lasst uns gemeinsam einen passiven Schritt in die richtige Richtung gehen und ein besseres Verhalten an den Tag legen.

Legende

Bezeichnungen der Motorkürzel

Erste Zahl	Hubraum in Litern
Erster Buchstabe	Motorbauart
Zweite Zahl	Anzahl der Zylinder
Zweiter Buchstabe	Motoraufladung oder hybridiales Aggregat (falls vorhanden)

Buchstabenbezeichnungen

R	Motor mit einer Zylinderbank in **R**eihe (**R**eihenmotor)
V	Motor mit zwei Zylinderbänken in **V**-Stellung (**V**-Motor)
VR	Motor mit einer Zylinderbank in Kombination aus V und Reihe. (**VR**-Motor)
B	Motor mit gegenüberliegenden Zylindern. (**B**oxermotor)
W	Motor mit vier Zylinderbänken in zwei kombinierten V-Stellungen. (**W**-Motor)
T	**T**urbolader
TT	Zwei **T**urbolader (Bi- oder Twin-Turbo)
TTT	Drei **T**urbolader (Triturbo)
TTTT	Vier **T**urbolader (Quadturbo)
K	**K**ompressor
E	**E**lektromotor

Bezeichnungen und Kürzel der Höchstmotorisierungen

Marke	Sport-version	Höchstmotorisierung		Möglicher Zusatz
		Früheres Symbol	Heutiges Symbol	
Audi	S		RS	plus
BMW	Mi / Md	CSi	M	Competition CS, GTS
Bugatti			SS	
Chevrolet			SS	
Dodge	R/T		SRT	
Fiat			Abarth	500, 595, 695
Ford	ST		RS	
Honda			Type-R	
Hyundai			N	Performance
Jaguar	S		R, SV, SVR	
Koenigsegg	S, R		RS	
Lamborghini			S, SV, SVJ	
Maserati	S		GT S / MC	
Mazda			MPS	
Mercedes-Benz	AMG		AMG	Black Series, S
Mini	S, SD		JWC	
Mitsubishi			Evolution	
Nissan	GT-T	GT-R	Nismo	
Opel	GSi	GSi	OPC	

Peugeot	RC, GT		R, GTi	
Porsche	S, 4S		GT RS	
Renault	GT		R.S.	Trophy, Trophy-R
Seat	FR		Cupra	R, ST
Škoda			RS	
Subaru	WRX		STI	
Tesla	Perfor-mance	P100D	Ludicrous, Insane	
Volkswagen	GTI	R32, R36, R50	R	
Volvo			R	

Danksagungen

Mein persönliches **Dankeschön**
geht an...

Sebastian Krieg, der mir grundsätzlich bei meinen Zukunftsplänen und Vorhaben, seien sie auch noch so verrückt, sowie mir bei meinen Stärken und Schwächen, zur Seite steht und mir immer fortwährend seine positive Unterstützung suggeriert. So auch bei diesem Projekt.

Sebastian Höfer, Vertriebsingenieur, der mir im zweiten Lektorat, offenbar unbeabsichtigt, neue Fehler eingebaut hat. Vielen Dank für die zusätzliche Arbeit und die Schreckensmomente! ;) Vor allem aber für seine unglaublich lustigen Memes, mit denen er mich immer wieder zum Lachen bringt und das Buch bereichert hat.

Jan Markwitz, Fotograf, für das freundliche und unkomplizierte Fotoshooting, sowie sein Verständnis von meinen Vorstellungen und das daraus entstandene, absolut großartige Coverbild.

Samanta Kowalik, Wirtschaftsjuristin, für ihre mühevolles Erstellen von Fehlerberichten, ihre professionelle Arbeit beim vierten Lektorat und ihr Durchhaltevermögen trotz so mancher Diskussion und Meinungsverschiedenheit. ;)

Tino Güttler, Inhaber von CTD-Germany, für seine persönliche und unglaublich nette Unterstützung, sowie die kostbare Zeit, die er investiert hat.

Tilman Trost, Inhaber von RS-Klinik, für die äußerst freundliche Bereitstellung von Bildmaterial.

Dankeschön!

Printed in Poland
by Amazon Fulfillment
Poland Sp. z o.o., Wrocław

50922541R00125